理解生命

［奥］阿德勒⊙著

欧阳瑾⊙译

天津出版传媒集团

天津人民出版社

图书在版编目（CIP）数据

理解生命 /（奥）阿德勒著；欧阳瑾译 . -- 天津：
天津人民出版社，2018.5（2021.11重印）
ISBN 978-7-201-12771-2

Ⅰ.①理… Ⅱ.①阿…②欧… Ⅲ.①个性心理学
Ⅳ.① B848

中国版本图书馆 CIP 数据核字 (2017) 第 330325 号

理解生命
LIJIE SHENGMING

出　　版　天津人民出版社
出 版 人　刘　庆
地　　址　天津市和平区西康路 35 号康岳大厦
邮政编码　300051
邮购电话　（022）23332469
电子邮箱　reader@tjrmcbs.com

责任编辑　李　荣
装帧设计　同人阁·文化传媒

制版印刷　香河县宏润印刷有限公司
经　　销　新华书店
开　　本　787毫米×1092毫米　1/16
印　　张　10
字　　数　121 千字
版次印次　2018 年 5 月第 1 版　2021年 11月第 2 次印刷
定　　价　32.00 元

译 者 序

在现代西方心理学的发展史上，奥地利精神病学家阿德勒（Alfred Adler，1870—1937）无疑占有重要的位置。他既是"个体心理学"的创始人、人本主义心理学的先驱和现代"自我心理学之父"，也是"精神分析学派"内部第一个反对弗洛伊德"泛性论"的心理学家，对后世西方心理学的发展做出了重要的贡献。

1870年2月7日，阿德勒出生于奥地利首都维也纳的郊区。尽管他的家境富裕，从小生活舒适安逸，但由于他体弱多病，并且自认为长相丑陋，因此阿德勒认为自己的童年是很不幸福的。他5岁时的一场大病，加上一个弟弟的死亡，使得他从小就有要当一名医生的愿望。中学毕业后，阿德勒进入维也纳医学院，系统地学习了心理学和哲学方面的知识，并且接受了良好的医学培训。在后来的实习与行医期间，阿德勒读到了弗洛伊德《梦的解析》一书，便写了一篇捍卫弗洛伊德观点的论文，产生了一定的社会反响。于是，弗洛伊德便在1902年邀请他加入了维也纳的"精神分析小组"，并让他担任这一组织的主席。但不久之后，阿德勒与弗洛伊德两人之间的分歧便日渐显露出来，因此到了1911

年，阿德勒便辞去了"精神分析小组"主席一职，随后又退出该小组，另起炉灶，创立了"个体心理学协会"。

尽管阿德勒是在弗洛伊德的"精神分析学派"内部破茧而出，并且开创出了自己的学说，探讨"个体心理学"与"精神分析学"这两种理论之间的差异，却属于非常专业的心理学范畴，显然并不是普通读者追求的方向。但在目前竞争压力巨大、社会发展变化迅速、新生事物层出不穷的背景下，普通读者了解"个体心理学"的一些基本原理，将它们应用于日常生活当中，并且据此而调整好自身的状态，让每个人的努力始终都保持在有益于人生（也包括有益于社会）的层面上，无疑会让自己的生活过得更加轻松，也会让整个社会变得更加和谐。

阿德勒认为，每个人在幼儿时期就已形成了一种"生活方式"，并且会据此形成自己的人生目标。不过，由于每个人的生活方式都不相同，每个人的人生目标也不相同，所以，研究心理过程应当以每个人的特殊心理经历为对象。这一点，也正是阿德勒将其心理学称为"个体心理学"的原因所在。

阿德勒强调人格的统一，强调人们的行为各有其目的，认为未来比过去重要得多。他认为，我们都是自己生活的主角与创造者，会用独特的生活方式来表达我们的人生目标。

阿德勒认为，每个人长大之后都必然会面对所谓的人生三大问题，即社会问题、职业问题、爱情和婚姻问题。尽管许多专家、学者对他的这种分类都存有异议，但不可否认的是，他的这一理论所重视的社会因素和个人经验正是其他心理学流派所欠缺的方面。比如，阿德勒认为，人天生是一种社会动物，人的行为会受社会驱力所推动，因而他更重视社会兴趣，相信社会可促进人格的发展。再如，阿德勒认为，一个人满足性本能的方式决定于他的生活方式，而并非是与此相反，即并非是一个人的生活方式决定于他满足性本能的方式。我们认为，这些方面都有别于弗洛伊德的精神分析学，也更接近于现实情况。

此外，在教育领域，阿德勒强调教师不应该放弃任何一个儿童，或者将儿童身上出现的问题归咎于遗传；在心理治疗领域，阿德勒主张医生应当与患者面对面，友好而坦诚地进行交流；在爱情和婚姻领域，阿德勒提倡人们积极改善婚姻生活的质量，而不是建议人们去结束一段姻缘。这些主张，非但符合阿德勒所处时代的社会主流思想，也很契合如今我们提倡的"和谐社会""以人为本"及"人类命运共同体"等理念，从而证明了这一心理学流派具有持久旺盛的生命力。这一点也正是我们推出阿德勒这几本心理学著作并系统地介绍"个体心理学"的原因所在。

自然，阿德勒及其"个体心理学"对西方心理学发展的贡献，远不止于我们所提到的这些。他提出的许多概念和方法都已逐渐渗透到心理学主流体系中。比如，自卑感和自卑情结的概念已经被整个心理学体系所吸纳，而他提倡的社区治疗、家庭治疗和合作治疗等心理疗法，也已经被全社会普遍接受。

我们相信，结合自身现实与社会现实系统地了解这些方面，对如今的每一个人来说都会有所裨益。因此，我们精心选取了阿德勒的一部分作品翻译出来，以便普通读者也能够一览这位与弗洛伊德齐名的大师的作品。本书从人类生存的科学入手，阐述了"个体心理学"当中诸如"自大情结""自卑情结""生活方式"及"社会适应性"等核心概念与观点，然后结合临床案例和治疗经验，指出了儿童、青少年以及成年人面临的各种问题，对自卑、忧郁、嫉妒、懦弱等负面心理产生的原因进行了剖析，并且给出了相应的建议和治疗方法，是我们适应社会、完善自我和理解生活艺术的经典指南。当然，由于译者并非心理学方面的专业人士，因此在翻译过程中出现谬误也是在所难免的，敬请读者批评指正。

　　定居美国4年之后，1937年5月28日，阿德勒在讲学途中因心脏病发作，病逝于英国苏格兰的阿伯丁。《纽约先驱论坛》为他发了一则讣告，如此评价道："阿德勒，自卑情结之父，拒绝成为精神分析的某个零件。他既有点像科学家弗洛伊德，又和预言家荣格相似。他就是他，一个传播福音的人。"在我们看来，阿德勒开创的"个体心理学"，他提出并践行的诸多理论与疗法，就是他传播给整个人类的福音。

原 版 序

　　阿尔弗雷德·阿德勒博士在心理学领域里所做的工作，尽管从方法上而言都是科学性的和概括性的，但从本质上来看，是对我们的独立个体所做的研究，也因此才被人们称为"个体心理学"。这种心理学的研究对象，就是具体、特殊且独一无二的个人。所以，唯有研究我们碰到的每一个男人、女人和儿童，才能真正习得这种心理学。

　　在阿德勒博士对现代心理学的此种贡献当中，最为重要的一点，就是在揭示所有精神活动结合起来为个人所用，以及一个人的所有官能与努力都与同一个目标紧密相关这一过程中，"个体心理学"所用的方式。这样，我们就能深入理解人类同胞的种种理想、困难、努力与失望，而所用的分析方式，也将使得我们可以对每一种个性都获得一种全面而生动的印象。根据这种整合思想，我们就可以实现诸如"终极目标"这样的东西了。不过，我们必须将这种"终极目标"理解为基础性的终极目的。以前，人类还从未有过哪种方法，像"个体心理学"一样严谨而又具有强大的适应性，能够在所有现实当中，紧紧追随人类那最不稳定、最具易变性和最难捉摸的心灵。

由于阿德勒不但认为科学是人类共同努力的结果，而且认为才智本身也是人类共同努力的结果，因此我们可以看到，他对自己做出独特贡献的自觉性，远远超过了被其过去与当代合作者所公认的、那种淡化了的程度。因此，研究阿德勒博士与所谓的"心理分析"运动之间的关系，是很有裨益的。并且，不论如何简单扼要，我们都应当首先来回顾一下促成整个心理分析运动的种种哲学动力。

潜意识是一种关键记忆，即生物学记忆，这是现代心理学的一种共同观点。不过，从一开始就属于治疗歇斯底里症专家的弗洛伊德却认为，一个人在性生活当中的成功与失败才是最重要的，并且几乎是唯一重要的东西。身为天才精神病理学家的荣格力图揭示出那种超越个体的记忆，或者说种族记忆的重要性，想要扩展这种令人苦恼的狭隘的观点。他认为，种族记忆与性生活的力量一样强大，并且对人生具有一种更高的价值。

而将潜意识的概念更加牢固地与生物学现实联系起来的任务，则留给了阿尔弗雷德·阿德勒这位经验广博而全面的内科医师。他原本是心理分析流派里的一位心理分析学家，曾经用这种方法做过大量的工作，对记忆进行分析，并将记忆从一种聚合的情绪状态中归纳出清晰性与客观性来。不过，他却表明，每个人的整体记忆体系都是不同的。个人并不会全都根据同一种中心动机来形成自己的潜意识记忆。比如说，我们不会全都围绕着性欲，来形成自己的潜意识记忆。在每一个人的身上我们都会看到，他们会用一种具有个人化的方式，从所有可能经历的事情当中选择自己的经历。那么，这种选择所依据的原则又是什么呢？阿德勒回答说，从根本上来看，这一原则就是一种简单的需求意识，就是某种必须得到补偿的自卑意识。这就好像是说，每个人都意识到了自己的整个生理现实，并且孜孜不倦地坚持着，把所有的注意力都集中在为生理现实当中存在的种种缺陷获得补偿似的。

这样，一个人的整个人生，比如说一个身材矮小者的整个人生，就可以理解为通过某种方式马上变得伟岸起来而进行的一种努力，而耳聋者的整个人生，就是努力为自己听不见而获得补偿。当然，情况并非如此简单，因为一系列缺陷可能引发出一系列的指导思想。而且，在人生当中，我们还得对付自己想象出来的各种缺陷以及各种异想天开的追求。不过，即便是在这些方面，我们所遵循的原则也是相同的。

性生活完全没有控制我们的所有活动，而是完美地融入了那些更加重要的追求当中，因为性生活明显受到了情绪的控制，而情绪则是由整个生命经历塑造出来的。这样，弗洛伊德的分析法虽然的确真实地说明了某种给定的人生原则在性方面所导致的种种后果，但也只是在那种意义上来说，它才是一种真正的分析。

如今，心理学开始以生物学为基础了。人们认为，从一开始，心灵的种种倾向性以及精神的成长，就受到了为了弥补生理缺陷或劣势位置所做出的努力的制约。一个人性情当中所有的异常之处或者独特之处，都是这样产生出来的。这一原则，既适用于人类，也适用于动物，并且很可能还适用于植物界。因此，我们应当认为，不同物种所具有的特殊禀赋，源自它们在自身环境当中所经历的种种缺陷与劣势，而这些缺陷与劣势，通过物种的活动、成长与结构，已经成功地获得了补偿。

将补偿看作一种生物学原理，这种观点没有什么新鲜的，因为人们早已知道，为了补偿其他的受损部位，我们的某些身体部位会过度生长。比如说，如果一个肾脏丧失了功能，那么另一个肾脏就会生长异常，直到它能够发挥出两个肾脏的功能；倘若心脏瓣膜出现了裂缝，那么整个心脏就会长得更大，从而弥补此种供血效率不足的情况；若是神经组织受损，那么另一种毗连组织就会努力承担起神经组织的功能来。为了应对某种特殊工作或者努力过程中出现的迫切需要，整个机体进行这种补偿性成长的现象数不胜数，因此我们无须再加以说明。不过，首次整体将这一原则应用到心理学领域，将它当成是一条根本原理，并且说明了这一原理在心灵和智力中所起作用的，却是阿德勒博士。

阿德勒不但建议医生应当学习"个体心理学"，而且建议普通的非专业人士，尤其是教师，都应当学习"个体心理学"。心理学中融入文化，已经成了一种普遍必要的现象。尽管公众反对，我们也应当大力提倡这种做法，因为公众的反对态度，是以这样一种观念为基础的：虽然毫无益处，但现代心理学还是需要将全部精力集中在疾病与痛苦等病例上。诚然，精神分析学方面的著作，已经揭示出了现代社会当中那些最核心和最普遍的弊端。不过，如今我们面对的，却不再是一个反思自身过错的问题，而是我们必须从过错中汲取教训的问题。我们一直都在努力地生存着，仿佛人类的精神不是一种现实，仿佛我们可以无视心理方面的种种事实而确立起一种文明生活似的。阿德勒提倡的，并不是对精神病理学进行全面的研究，而是根据他业已确定其基本原理的一种积极而科学的心理学，来对社会和文化进行实实在在的改良。不过，假如太过害怕面对真相，那么我们就不可能做到这一点。没有更加深入的了解，我们非但不可能对人生当中的那些正确目标形成一种更加清晰的、不可或缺的意识，而且也不可能更加清晰地意识到自身所犯的错误。或许，我们都不想去了解那些丑陋的事实，但越是真正认识人生，我们就会越发清晰地感受到那些真正对人生构成了障碍的错误，就像是光线聚集起来，使得阴影更加清晰一样。

一种积极的、有益于人类生活的心理学，不可能仅仅源自心理现象，更不用说仅仅源自临床的病理表现了。这种心理学，还需要一种规范性的原理。在这种需要面前，阿德勒没有退缩，而是认识到了我们在世间共同生活所遵循的那种逻辑性，仿佛它具有绝对形而上学的有效性似的。

认识到这一原理之后，接下来我们就必须对与之相关的个体心理状态进行判断。一个人的内心生活与集体生存的关联方式，可以区分为三种所谓的"人生态度"，即一个人对社会、对工作和对爱情的总体反应。

通过对待整个社会，即对待其他任何个人以及对待其他所有人的感受，任何一个男人和女人都可以了解到，自己在社交方面的勇敢程度如何。身处社交场合时感到害怕或者是有一种没有把握的感觉，往往都会表达出一种自卑感，而不管其外在表现究竟是一种胆怯还是抗拒，是一种缄默不语还是焦虑过度的形式。对于所有与生俱来的疑虑或者敌视感、不明确的谨慎感以及渴望有个藏身之处的感觉来说，倘若总体上影响到了一个人的社交关系，那么这些感受都表明了一种逃避现实的相同倾向，而这种倾向，又会阻碍一个人对自我进行肯定。我们对待社会的理想态度，或者更准确地说，对待社会的正常态度，应当是毫不勉强、不假思索地认为人类都是平等的，并且认为这种平等不会因地位不平等而加以改变。社交勇气所依赖的，就是这种身为人类大家庭里的一员而具有的安全感。而这种安全感，又取决于个人自身生活的和谐。通过一个人对邻居、所处市镇、国家以及其他民族的感觉，甚至是在报纸上看到与这些方面相关的新闻时的反应，他就可以推断出其心灵本身的安全程度来。

一个人对待工作的态度，正是密切取决于他在社会上的这种自我安全感。在一个人能够获得自己应得的那份社会利益与权利的职业当中，他必须面对社会需求的逻辑性这个问题。假如一个人觉得自己太过弱小，或者是与社会格格不入，那么这种感觉就会使得他无法相信自己的价值会获得别人的认可，因此他甚至不会努力去获得别人的认可了，相反，他不会去冒险，只是为了金钱和利益才去工作，并且会压制自己，不去想他究竟能够做出何种最切实的贡献。这种人往往既不敢给别人提供最好的东西，也不敢要求自己获得最好的东西，因为他害怕那样做会得不偿失。或者，这种人往往会在经济生活当中寻找某种安宁而波澜不惊的偏僻之所，因为在这种地方他可以去做自己喜欢的事情，而无须去适当地考虑自己所做之事有没有益处，或者能不能够带来利益的问题。在这两种情况下，非但整个社会因为没有得到个人最好的贡献而会承受损失，而且这个并未实现自身社会意义的个人，也会产生出一种深刻的不满足感来。现代世界里有许多的人，与他们从事的职业都存在公开的冲突。而从一种世俗的意义来看，这种人当中既有成功者，也有不成功者。他们信不过自己所从事的职业，把无法实现某种现实正义的责任归咎给社会和经济条件。不过，他们往往都太过没有勇气，无法为实现自身经济功能的最佳价值而奋斗，这也是事实。他们都不敢公开宣称有权提供自己真正信仰的东西，如若不然，他们就会对社会真正需要他们做出的那种贡献嗤之以鼻。

因此，他们都是用一种利己主义的精神，甚至是一种鬼鬼祟祟、不那么正大光明的精神，去追求自己的利益。诚然，我们必须认识到，整个社会在组织方面还存在诸多不合理的地方，因此除了有可能做出错误判断之外，一个决心真正去为社会公益服务的个人，常常也会遇到强烈的反对。不过一个人需要的，却正是这种拼尽全力的奋斗感。而需要的程度，也不亚于整个社会受益于此的程度。一种职业，倘若无法让人体验到某种克服困难之后的胜利感，而只是让人在困难面前低头，那么我们是不可能去热爱这种职业的。

这些人生态度中的第三种，即对待爱情的态度，则决定了爱情生活的道路。只要前面两种人生态度，即对待社会的态度和对待工作的态度得到了正确的调整，那么最后这种人生态度自然就不会有问题。如果这种人生态度是扭曲和错误的，那么在与其余两种态度脱节的情况下，它就无法自行纠正错误。尽管我们可以想到改善社交关系与职业状况的办法，但若是把思想全都集中在个人的性问题上，那么我们几乎可以肯定，这种做法会让问题变得更加严重。因为这个问题完全属于结果的范畴，而不属于原因的范畴。一个在普通社会生活当中受了挫折或者在职业领域遭到了失败的人，在性生活当中的做法，就会像是尽力要为自己没能在恰当领域里获得成功的种种表现获得补偿似的。实际上，这正是我们理解所有性异常行为的最佳办法，而不管这些性异常行为是让一个人变得孤僻离群、是让性伴侣受到侮辱，还是用其他的方式扭曲一个人的本能。一个人的友谊关系，也与爱情生活紧密相关，形成了一个整体。至于原因，则不是像最初的精神分析学家所认为的那样，不是因为友谊是性吸引力的一种升华形式，而是与之正好相反。性冲动（即性是一种具有叛逆性的精神因素），其实是一种异常现象，用于取代能够激发出有益友谊的那种亲密关系；而同性恋呢，往往就是一个人无法与异性产生爱情的结果。

我们赋予种种感官的意义与价值，也与爱情生活紧密地结合在一起。许多优秀的诗人，早已证明了这一点。我们感受大自然的特点，我们对壮美海洋与陆地的反应，以及我们对形状、声音和色彩等的意义的反应，连同我们在那些有如暴风雨般动荡不安和忧郁悲伤的场景中对别人的信任感，都涉及了我们人类能够彼此相爱的完整性这个方面。因此，我们的审美人生，连同审美人生对于艺术与文化的所有意义，最终都是通过个人，从社交勇气与智力的有效性当中形成的。

我们不应当认为集体感是一种非常难以产生出来的东西。集体感与自我主义本身一样，都是自然而然、与生俱来的。事实上，作为一种人生原则，集体感还具有优先的重要性。我们无须刻意地去产生这种感觉，只需在受到压抑之处将集体感释放出来即可。这就是我们在经历人生的过程中保留下来的生存原则。倘若有人认为，公共汽车司机、铁路工人和送奶工可以不具有一种高度本能的集体感去为人们服务，那么我们就可以推断出，这种人必定拥有一种高度神经质的统觉结构。坦率地说，抑制这种集体感的，就是人类心灵当中那种强烈的自负心理。而且，这种自负心理极其微妙、不可捉摸，因此尽管少数艺术家已经领悟到了它的无处不在，但在阿德勒之前，没有哪位专业的心理学家能够将其阐述清楚。出乎所有人意料的是，经常出现这样的情况：许多小记者或售货员心中的野心都足以导致一位大天使[1]堕落，而世界上那些伟人的野心，就更是如此了。每一种让一个人与生活之间的联系变得痛苦不堪的自卑感，都会导致他用另一种上帝般的自负，来让自己心中充斥着一种想象出来的伟大感，并且最终达到这样一种程度：在许多情况下，此种幻觉都会膨胀得极其厉害，甚至不需要一个人在尘世间变得至高无上才能平静下来，而是会创造出一个全新的世界，并且让他自诩为这个新世界里的上帝。这种对人性深度的揭示已经得到证实。不过，人们显然并不是在对那些怀有实实在在的野心（无论这种野心是多么像拿破仑那样狂妄）的人进行研究，而是在对那些消极抗拒、拖延不决和佯装有病者进行的研究中证实的，因为正是这些方面，最清晰地说明了一个痛苦地认为自己无法主宰现实世界的人会拒绝与现实世界协作，无论这样做会给他带来多么不利的后果；他这样做，部分是为了主宰一个狭窄的领域，部分甚至是出于一种非常荒谬的感觉，因为这种人认为，倘若现实世界得不到他非凡的协助，就终有一天会崩溃，并且缩小到他自己业已缩小了的那个世界的程度[2]。

这样，便导致了一个问题：在明知人类心灵当中具有此种过度自负的倾向，并且不敢只是再自诩为神奇异人来增强这种自负心态的情况下，我们又该如何去做呢？阿德勒的回答就是，我们应当对自身的所有经历都保留某种态度。此种态度，他称之为"对半"态度。我们对于正常行为的那种概念，应当允许整个世界、整个社会或者我们面对的个人

---

[1] 大天使，又称天使长或总领天使，是宗教传统当中常见的一种天使，基督教、伊斯兰教、犹太教和琐罗亚斯德教等宗教中都有。据基督教《圣经·新约全书·启示录》中记载，神的御座前有7名天使侍立，一般都解为7名大天使，但伊斯兰教里只承认有4名大天使。

[2] 译者注：若是觉得这种说法有些夸张，那我们不妨回想一下这个事实：几乎所有最狭隘的派系，无论是宗教教派还是世俗派系，都相信会出现一种世界性的灾难，即认为他们已经逃避、不再希望去加以改变的这个世界必将走向毁灭，并且只有一小部分人会幸存下来，而幸存下来的，就是他们自己那一派系。

在正义一边以某种方式做到与我们完全平等。我们既不应该贬低自己，也不应当贬低自身所处的环境。我们应当认为，每个人都是正义当中的一半，从而平等地肯定我们自己与别人的现实情况。这一点，非但适用于我们去跟别人进行联系，而且适用于我们对雨天、假日或者负担不起的舒适品，甚至是对刚刚没赶上的那趟公共汽车的精神反应。

若是理解得正确的话，这种情况并不是一种艰难而令人反感的、理想的谦卑状态。实际上，要求具有与其他所有生物完全平等的现实与全能，而不管我们可能在什么样的具体表现当中碰到其他生物，这是一种很有意义的、精彩的假设。倘若要求低于这种程度，那就是一种虚伪的谦卑，因为事实上我们进行任何交流所导致的结果，其中一半的现实都取决于我们进行交流的方式。一个人应当在自身发生的每件事情当中，都按照自己所属的那一半，来确认自己的作用。

在职业领域里，我们常常都特别难以遵循这条建议。在业务当中，人们会面对许多赤裸裸的现实，它们会比社会生活当中通常允许出现的情况更加常见；并且，要让一个人自身的目标与一个杂乱无章的世界的现状同等有效，几乎是不可能做到的。因为那样做的话，就意味着承认现状是一个人的实际问题，并且事实上也是一个人正当的行为领域。劳动分工虽说本身符合逻辑并且有益于社会，但也给人类带来了狂妄自大地创造出全然虚伪的不平等、差别和不公的机会，因此我们如今才会生活在一种几乎无法维系的经济混乱之中。对于此种异常状况，绝大多数人常常会发现，他们很难不屈不挠地与自身进行对抗，很难一方面承认自身所处的现实，一方面又同等地努力地去改善这种现实。他们很容易通过内心的某种托词，默许这种混乱状况，或者是致力于去寻找某些肤浅的、逃避实际问题的补救措施；有的时候，他们还会认为自己的职业生涯必然会受到那些天生卑劣之事的玷污，却全然没有意识到，这样一种态度会让他们变得自高自大、傲慢无礼，并且从深层意义上来看，还会使他们变得寡廉鲜耻。很少有人想到，正确的办法就是在人性的基础上，在同样的处境与职业当中与他人结成同盟，并且把这种同盟当成一种社会服务，去维护其恰当的尊严和对其加以改良。不过，这正是一个人能够真正适应其经济功能的唯一途径。许多埋怨自己的工作条件普遍不好的人，在把工作当成人生一种职能去进行重新组织方面其实什么都没有做。并且，他们也从来都没有想过，要去与导致他们失败的那种不合规范的个人主义做斗争。从"个体心理学"当中，我们得出了这样一条绝对命令[1]：每个人的职责，就是努力把自己所从事的职业变成一种兄弟关系、朋友情谊和一种带有强大合作精神的社会统一体，而不管各自从事的职业是什么；倘若一个人不想这样去做，那么他自身的心理状态就会非常危险。诚然，在如今的许多职业当中，要达到这条绝对命令的要求，是极端困难的。而更加重要的是，一个人应当让自身的努力都指向协调一致。除非从广义上来说，一个人是在努力让从事的职业变成一种全面表达其自身的形式，否则的话，他的职业就永远摆脱不了自身诸多的精神力量。因此，一个人的职业观念，非但必须是一种能够让他在其中具有行动独立性的执行机构，而且应当是一种能够让他在其中具有某种指导权威性的立法机构。在一个人的职业生涯中，此种"对半重视"的做法，会让他既承认现实，同时又利用唯一实事求是并且必然具有合作性的方式，去与现实做斗争。

倘若没有社会组织方面的这种实践，那么尽管"个体心理学"中的教育原理放之四海而皆准，它们也会毫无用处。从广义上来看，前文当中关于个人职业义务的论述，对一个人履行自身的整体社会职能而言，也是适用的。一个人的职能，既包括成为本民族与人类当中的积极一

---

[1] 绝对命令，德国哲学家康德用以表达普遍道德规律和最高行为原则的一个术语，亦译"定言命令"。它强调意志自律和道德原则的普遍有效性，从而体现了康德伦理学的实质。

员，也包括成为家庭当中的积极一员。这就好比是一个从不休会，并且所有当选议员最终都必须服从其决议的议会似的。这个议会，在学校里、在市场上、在天南海北到处召开，因为它是"人类议会"，人们在其中交流的每一句话、每一种表情，无论是彬彬有礼还是反唇相讥，无论是充满智慧还是愚蠢无比，对于整个人类而言，都各有其重要性。让这个广袤的议会更加团结一致，使得其中的讨论变得更加可以理解，是符合每一个人的利益的，因为除非从中反映出来，否则我们每一个人都不会真正存在。倘若其中的议会和平安宁，那么我们的生活就会音调高扬，健康和财富就会增加，而艺术与教育也会繁荣起来；倘若议会中的交流拘谨含蓄、充满疑忌，那么工作就会受挫，人们就会挨饿，儿童也会失去活力。在纷争达到白热化的过程中，我们就会成百万、上千万地死去。这个议会的所有裁决（我们的生死、成长抑或衰颓都是由此决定的），都深深地植根于我们在每种人际关系中对待男人、女人和儿童的个人态度之中。

平心而论，在面对所有的人与其相互责任之间关系的这个事实时，我们又怎么去看待精神病患者内心的那种混乱呢？这种混乱，只是兴趣领域变狭窄，只是过度关注某些个人利益或者主观利益吗？患上精神疾病，是一个人错误地对待其他人类所导致的结果。这种人似乎觉得，别人的人生与目标完全没有他们自己的人生与目标那么重要，因而他们对范围更加广泛的人生丧失了兴趣。与此自相矛盾的是，精神病患者的内心往往却怀有种种非常庞大的、拯救自己和别人的计划。这种人都很聪明，能够通过想象出一种夸张的重要性和有益的活动，来补偿他们在人类这个议会里那种现实的孤立感和无能感。这种人可能会希望改革教育、消灭战争、建立一种大同社会，或者创造出一种新的文化，甚至还会带着这些目标去创立社团或者加入某些社团。自然，这种人与别人及整个生活进行的是一种不切实际的交流，从而会让他的这些目标都实现不了。这就好比是，这种人完全站在生活之外，却想要利用某种无法解释的魔法去引导生活似的。

尤其是，现代的城市生活，连同其中的知性主义，都使得精神病患者可以毫无限制地这样做，即通过想象出来的那种弥赛亚主义[1]，来补偿他们真正的孤僻离群心态。结果，一个民族里面全都是老死不相往来的救世主，从而会使得这个民族分崩离析。

我们需要的，自然是某种完全不同于此的东西。但这并不是说，个人应当放弃对弥赛亚的信仰，因为一个人对人类的整个未来所应承担的那一份义务，完全是属于个人的。个人所需的，只是应当对自己拯救社会的力量形成一种合理的看法，并且是从个人自身的立场出发，正确地来看待这种能力。倘若这些方面混乱不堪、错误百出，那就是因为我们在日复一日的经历当中，并没有把它们看成是一种具有普遍意义的东西。无疑，我们有时候的确认为这些方面很重要，但通常来说，我们都只是从一种个人意义上去重视它们。

现代人的这种倾向，即在实际生活和理想当中都缩小兴趣范围的倾向，是最难加以克服的，因为这种倾向会得到统觉结构的强化。正是出于这个原因，除了在极其罕见的情况下，一个人是不可能独自去克服这种倾向的。他需要与别人进行联合，并且需要一种全新的联合。下定决心，去应对自己所处的环境与日常活动，仿佛它们都是人生当中最重要的事情一样，这种做法，会让一个人马上与自身的种种抗拒心理发生冲突，并且往往还会与外部问题产生冲突；一个人无法马上理解这些外部困难，并且，除非正在进行同样的一种实验，否则别人也无法正确地对这些问题做出判断。因此，在实践"个体心理学"时，要求其中的学生心甘情愿地相互审视，每一个人都应当被其他人看成是一种完整的人格。这种做法，击中了伪个人主义的根本，而这种伪个人主义又是所有精神官能症的基础。因此，这种做法自然是很难掌握的。然而，作为整

---

[1] 弥赛亚主义，亦称"救世主主义"或"乌托邦思想"。

个人生当中处于诊所与咨询室之外的一种作用因素，精神分析学的整个未来，却正是取决于这种做法能不能获得成功。

在维也纳，这种小组已经通过努力，使得"个体心理学"的力量影响到了教育领域。学校老师和执业医师之间业已确立起来的协作关系，已经让某些学校的教学工作取得了革命性的突破，并且在师生之间、学生之间确立起了一种平等关系，从而纠正了许多儿童的犯罪倾向、麻木不仁与懒惰习气。人们发现，取消竞争、逐渐形成鼓励的风气，已经让学生和教师双方都释放出了巨大的能量。这些变化，正在影响着他们周围的家庭生活。而一提到家庭生活，我们就会想到孩子的心理问题。尽管教育理所当然地处于首要地位，但它并不是这些小组的活动唯一应当介入的领域。商业领域与政界，是最为强烈地体会到了现代人生困境的两个领域，也需要利用人性方面的知识来激发它们的活力，因为在这两个领域里，人们早已忘记如何去辨识人性了。

正是为了给我们的日常生活及其改良提供一种新的能量，阿尔弗雷德·阿德勒才成立了"国际个体心理学协会"这一机构。本书业已开始倡导的那种人类行为训练法，虽说可能被人们误认为是一种几乎可以说陈腐不堪的道德标准，但有两个方面除外，那就是这种训练具有实实在在的效果，并且是在科学方法的背景中呈现出来的。在实事求是地理解个人问题的社会性，以及不屈不挠地证明健康与和睦行为之间具有统一性的过程中，阿德勒比其他任何人都要更像中国那些伟大的思想家。假如西方世界还没有走得太远，还能充分利用他的这种贡献，那么他完全有可能变得家喻户晓呢。

菲利普·梅雷[1]

---

[1] 菲利浦·梅雷（1886—1975），英国著名的设计师、作家、记者兼翻译家，对阿尔弗雷德·阿德勒及其"个体心理学"颇有研究。

目　录

第一章　生活的科学

伟大的哲学家威廉·詹姆斯[1]说过，只有那种直接与人生相关的科学，才是一门真正的科学。我们也可以说，在一门直接与人生相关的科学当中，理论和实践几乎是不可分割的。正是由于直接模仿生命当中的运动，因此生命这门科学才变成了一门生存科学。这些方面，应用到"个体心理学"这门科学上，就带有了特殊的力量。"个体心理学"试图将个人的人生看成一个整体，并且将每种单一的反应、每种运动与动力，都看成是一种单一人生态度当中的有机组成部分。这样一种科学，必然是以一种具有实用性的意义为导向，因为在知识的协助之下，我们可以纠正甚至改变自己的态度。因此，"个体心理学"便具有了一种双重意义的预示性：它不但会预示出将来会发生什么样的事情，而且会像先知约拿一样，通过未卜先知来避免某些可能发生的事情。

"个体心理学"这门科学，是在努力理解生命那种神秘创造力的过程中发展起来的。这种力量表现为渴望成长、努力并且获得成功，甚至还会表现为努力在一个方向上获得成功来补偿另一个方向上的失败。这种力量属于目的论的范畴，也就是说，它是在追求一个目标的过程中表

---

[1] 威廉·詹姆斯（1842—1910），美国哲学家、心理学家，被称为"美国心理学之父"。

达出来的。而在这种追求中，每一种肢体运动和心理活动都配合默契。因此，只研究肢体运动和心理状况，而不将它们与个人整体关联起来，这种做法是很荒谬的。例如，在犯罪心理学里，我们把注意力全都放在罪行上，而不是放到罪犯身上，这种做法就很荒唐。在这种情况下，重要的是罪犯，而不是罪行。因此，除非我们将犯罪行为视为一个特殊个体生命当中的一段经历，否则的话，无论怎么去审视，我们也永远无法理解罪行的有罪性。同样的一种外在行为，可能在一种情况下有罪，而在另一种情况下却无罪。重要的一点，就是理解一个人所处的背景，即一个人的人生目标，因为它标示出了一个人所有行为与运动的方向线。这个目标，使得我们能够理解不同孤立行为背后隐藏的含义。我们认为，这些孤立行为都属于一个整体当中的各个部分。反之亦然，假如把各个部分当成一个整体中的组成部分来进行研究，那么研究了这些组成部分之后，我们对整体的了解就会更加充分。

就我自身的情况来看，我对心理学的兴趣是在行医过程中培养起来的。行医经历给我提供了一种目的论或者目标论的论点，而这种论点又是理解心理事实所必需的。在医学领域里，我们会看到，所有器官都在朝着明确的目标努力发育着。一旦发育成熟，它们就会拥有特定的形状。此外，我们往往都会发现，在具有生理缺陷的情况下，大自然会做出某些特殊的努力，来克服这种缺陷，或者发育出另一种器官，取代缺陷器官的功能，从而补偿这一缺陷。生命始终都在努力，想要延续下去，生命永远都不会放弃挣扎而屈服于外界障碍。

注意，心理活动与有机生命的运动是类似的。在每个人的心中，都有一种概念，怀有一个超越目前所处状态的目标或者理想，以及通过为将来假定一个具体的目标，来克服目前的缺陷或者困难。通过这种具体目的或者目标，个人就会认为并且觉得自己克服了目前面临的困难，因为他的心中想着的，是未来的成功。倘若没有这种目标感，个体活动就不再会具有任何意义。

所有的证据都指向了一个事实，那就是这种目标，必定是在我们人生的早期，即儿童时期的形成阶段确定下来的（即赋予目标一种具体的形式）。一种成熟人格的模型就是在此时开始形成的。我们可以想象一下，这是怎样的一个过程。儿童是那么弱小，他们会感觉自卑，发现自己生活在不能承受的情境中。因此他们努力发展，确定自己的目标方向。在这一阶段，用于成长的物质资料，与决定成长方向线的那种目标相比，前者并没有后者重要。我们很难说清，这种目标是如何确定下来的，但显而易见的是，这样一种目标确实存在，并且主宰着儿童的每一种行动。的确，对于这一早期阶段存在的种种力量、动力、原因、本领或者障碍，我们几乎一无所知。迄今为止，我们也的确没有找到答案，因为只有在儿童确定了目标之后，其成长方向才会确定下来。只有当我们看清一个孩子的发展方向之后，才能猜测他在未来会做出怎样的选择。

原型（即蕴含着个体人生目标的早期个性）形成之后，成长方向线就确定下来了，而一个人也就有了明确的前进方向。正是这一事实，使得我们能够预测出一个人在日后的人生当中会出现什么样的情况。从那时起，一个人的统觉体系就开始服务于他的人生目标了。儿童不会按照实际情况去感受某些给定的情境，而是会按照一种个人的统觉体系去感受，也就是说，儿童会根据自己的兴趣爱好，去感受那些情境。

在这个方面，我们发现了一个非常有意思的事实，那就是：具有生理缺陷的儿童，会把自身的所有经历都与缺陷器官的功能联系起来。比如说，一个肠胃有毛病的儿童，会对吃东西表现出一种异乎寻常的兴趣；而一名视力不佳的儿童，则会更关注可见之物。这种关注，是与个人的统觉体系相一致的。我们在前面已经说过，这种统觉体系塑造了所有人的特点。因此，我们可以认为，要想发现一名儿童的兴趣所在，只需确定这名儿童的哪个器官有缺陷就行了。不过，情况可没有这么简单。一名儿童并不会像一个外在观察者那样根据自己的统觉体系调整他对于生理缺陷的体验。因此，尽管生理缺陷这一事实很重要，是儿童统觉体系当中的一个要素，但从外部去观察这种缺陷的话，不一定会推导出其统觉体系究竟是什么。

儿童是从相关性体系中看待一切的。在这一点上，儿童其实与成年人都是相似的，因为成年人当中没有哪一个人有幸掌握绝对真理。即便是我们这门科学，也不是绝对真理。科学是以常识为基础，也就是说是永恒变化着的，并且满足于逐渐用较小的错误去取代较大的错误。我们都会犯错误，但重要的是，我们可以纠正自己所犯的错误。这种纠正在原型形成的时候比较容易进行。因此，倘若在当时没有纠正过来，那么日后我们就必须通过回想起当时的整体处境，来纠正这些错误。这样的话，在治疗一位精神病患者时，我们的任务就不是发现患者在日后人生当中所犯的那些普通错误，而是发现患者在人生早期、在其原型确立过程中所犯的根本性错误。倘若发现了这些错误，那么我们就有可能通过恰当的治疗，来纠正这些错误。

因此，在"个体心理学"看来，遗传问题的意义就不那么重要了。重要的并不是一个人遗传得来的东西，而是一个人在儿时如何对待这些遗传得来的东西。也就是说，重要的是一个人在儿时所处环境当中确立起来的那种原型。出现遗传性的生理缺陷，自然应当归咎于遗传因素。但我们此处所要讨论的问题，仅仅是排除儿童面临的具体困难，并且将儿童置于一种有利的处境当中。事实上，我们在此甚至获得了一种极大的好处，因为一旦明白缺陷所在，我们就知道如何去采取相应的行动。一个没有任何遗传缺陷的健康儿童，往往可能会因为营养不足，或者是因为养育过程中出现的诸多失误，反而发育得不那么好。

至于那些生来就具有生理缺陷的儿童，他们的心理状态十分重要。

由于这些儿童的处境更加艰难，因此身上会带有种种迹象，表明他们心中具有一种自卑感，而这种自卑感往往被加以夸大。在形成原型的那个时期，他们对自身的关注，就已经超过了对他人的关注，而在日后的人生当中，他们往往也会继续这样去做。生理缺陷并不是原型出现错误的唯一原因，因为其他情况也有可能导致出现同样的错误，比如说那些受到溺爱的儿童和受到敌视的儿童，他们的情况就是如此。在后文中，我们将有机会去详细描述这些情形，并且给出实际的案例记录来说明具有生理缺陷的儿童、受到溺爱的儿童以及受到敌视的儿童这三种尤其不利的情况。在目前，我们只需注意到这些儿童长大后会出现心理障碍，并且，由于他们是在一个他们从来没有学会独立的环境中成长起来的，因此他们总是害怕受到攻击，就足够了。

我们必须从一开始就理解社会兴趣，因为社会兴趣是我们的教育和治疗工作中最重要的一个组成部分。只有勇敢、自信、在世界上觉得自由自在的人，才能既受惠于逆境，又从人生提供的种种有利条件中获益。这种人从不害怕。他们清楚人生当中存在着诸多困难，但同时也很清楚，自己能够克服这些困难。他们做好了应对所有人生问题的心理准备，而这些人生问题一律属于社会问题。从人类的角度来看，我们必须做好准备来应对社会行为。我们在前文中已提及的那三种儿童，都形成了一种社会兴趣程度较低的原型。在他们身上，都没有那种有利于获得人生所必需的成就或者有利于解决人生当中诸多问题的心态。由于有一种挫败感，因此原型对人生问题便会形成一种错误的态度，并且往往会让人格朝着无益于人生的方面发展。另一方面，我们在治疗此种病人过程中的任务，就是培养患者在人生有益一面的行为，并且让患者总体上确立起一种有益的人生观与社会观。

缺乏社会兴趣就是朝着人生当中无益的一面发展。缺乏社会兴趣的人，都是那些问题儿童、犯罪分子、精神错乱者以及酒鬼。对于这些人，我们的问题就在于找到办法去影响他们，使他们重新回到人生有益的一面，并且让他们对别人产生兴趣。在这个意义上，我们所称的这种"个体心理学"其实就是一门社会心理学。

除了社会兴趣，我们的下一个任务就是找出阻碍个体发展的因素。乍一看去，这一任务似乎更具迷惑性，实际上，这个任务却不是很复杂。我们都很清楚，一个娇惯坏了的儿童，最终都会变成一名不招人喜欢的儿童。我们的文明就是如此，所以社会与家庭都不会希望无休无止地继续这种溺爱。一名娇惯坏了的儿童，很快便会面对诸多的人生问题。上学后，他会发现自己身处一种新的社会制度当中，并且要面对一个新的社会问题。他不想要写字，也不想与同伴们一起玩，因为这种儿童的成长经历并没有让他做好心理准备去适应学校里的集体生活。事实上，他在自身原型形成过程中的成长经历，会让他害怕这样的处境，并且去寻求更多的溺爱。注意，这种人的性格特点不是遗传得来的，可以说完全不是，了解了这种人的原型及其目标之后，我们就可以推断出这一点来。由于这种人形成了某些有利于朝着实现其目标的方向前进的性格特征，因此他身上就不可能具有那种朝着其他方向前进的性格特点。

生存科学的下一步，就是研究人的感觉。轴线，即目标预先设定的那条方向线。这条线不仅会影响到个人的性格特点、身体运动以及一般的外在表征，同时还主宰着种种感觉的存在方式。人们往往会根据感受来证明自己的态度正当有理，这是一件值得注意的事情。那样的话，倘若一个人想做有益之事，我们就会发现，这种想法会被这个人过分强调，并且会主宰这个人的整个情感生活。我们可以断定，一个人的感受往往与一个人的使命观保持着一致，因为感受会强化一个人的行为爱好。甚至于对那些不需要感情色彩也可完成的事，我们也常常赋予它们以感情色彩。因此可见，感情不过是我们行动的伴随物而已。

在梦境当中，我们可以相当清楚地看出这一事实来。也许对梦的目的的发现是"个体心理学"的最新成就之一。每一个梦自然都会有一种目的，尽管迄今为止，我们才清楚地认识这一点。一个梦的目的，倘若概括性地而不是用具体术语来表达，就是创造出某种感觉活动或者情绪活动，而这种情绪活动，反过来又会进一步推进梦的发展。这是一种很有意思的注解，解释了以前人们认为梦境始终都是一种幻觉的观念。我们会按照自己想要表现的方式去做梦。梦境就是对我们清醒时的行为计划与态度进行的一种情绪预演。然而，在这种预演当中，可能永远都不会出现实实在在的影响。从这个意义上来说，梦境具有欺骗性，因为情感想象是在没有付诸行动的情况下，给我们带来了行动的紧张感。

梦境的这一特点也存在于我们的非睡眠生活当中。我们往往都具有一种用情感来欺骗自己的强烈倾向，因为我们往往都想要说服自己，继续沿着我们在四五岁时形成原型的那条道路前进。

对原型进行分析，在我们这一科学体系中的重要性尚属其次。正如我们已经指出的那样，原型在四五岁时就已形成，因此我们必须去寻找此时或者此前儿童身上产生的印象。这些表达可能各式各样，与我们从正常成年人这一角度来想象的有很大不同。对儿童的头脑最有影响的印象之一就是父母过度惩罚或打骂所导致的那种压抑感。这种影响会使孩子努力去寻求摆脱。有的时候，孩子会用一种心理上的排斥态度表达出这种寻求摆脱的心态来。这样一来，我们就会看到，有些女孩子的父亲脾气暴躁，故她们会因为觉得男性脾气都很暴躁而形成种种排斥男性的原型。一些因为母亲态度严厉而倍感压抑的男孩子，则有可能排斥女性。这种排斥态度，自然也可能以各种各样的方式表达出来。比如说，孩子可能会变得腼腆害羞，或者反过来，孩子有可能在性方面产生变态心理（这完全是排斥女性的另一种方式）。此种变态心理并不是遗传得来的，而是孩子在这些时间当中所处的环境导致的。

儿童在人生早期所犯的种种错误，会让他们在日后付出巨大的代价。尽管事实如此，如今的儿童却很少接受其他人的引导。父母或是不知道如何去做，或是不愿向孩子坦承他们自身人生经历所造成的种种恶果，因此孩子只能沿着自己的道路走下去。

我们发现了一种非常奇怪的现象：没有哪两名儿童会在完全相同的环境之下长大，就算是同一家庭中出生的两名儿童，也是如此。即便是在同一个家庭里，每个孩子所处的环境也是相当独特的。众所周知，只有家中长子长女的处境才会与其他孩子完全不同。家中的长子起初都是独子，因而是全家关注的焦点。一旦第二个孩子出生，长子就会发现自己被推下了原来的宝座，可他不喜欢这种地位上的改变。确切地说，曾经一直"大权在握"，如今却不再独自得宠，这在长子的人生当中，可能就是一出悲剧。这种悲剧感会深入到孩子原型的形成过程当中，并且会在孩子成年之后的性格特征当中表现出来。事实上，案例记录表明，这种孩子往往会在日后遭遇失败。

家庭内部还有一种环境差异，这可以从男孩和女孩受到的不同待遇当中看出来。有些家庭里，男孩子都会被家人过分重视，而女孩子则好像不可能做出什么成就似的。这种女孩子长大后，往往会变得犹豫不决、疑虑重重。终其一生，女孩子都会太过优柔寡断，并且始终都深受一种观念的影响，即只有男性才能真正有所成就。

家中第二个孩子的地位也很典型，很有独特性。次子的位置完全与长子不同，因为对于次子来说，始终都有一个"领跑者"。通常来说，次子会胜过这个"领跑者"。若要寻找原因的话，我们就会发现，在有些家庭，完全是因为长子对有次子这样一个竞争对手感到很生气，而这种生气最终又会影响到长子在家中的地位。长子会害怕这种竞争，从而表现得不那么好。父母对长子的评价会越来越差，从而使得他们开始欣赏自己的次子。另一方面，次子由于始终面临长子这个"领跑者"的挑战，所以始终都处在一种竞赛状态中。次子的所有性格特征都会体现出他在整个家庭当中的这种独特地位。次子反抗性强，不会去承认任何权威。

历史与传说故事描述过无数个关于家中幼子能力超常的事例。约瑟夫就是一个典型的例子。他希望胜过家中其他的所有兄弟。离开家多年之后，他并不知道家中又添了一个小弟弟，但这一事实没有改变他作为最年幼者的地位。在许多神话故事中，我们也会看到同样的例子，说家中的幼子扮演着主要的角色。我们可以看出，这些性格特征实际上都起源于童年早期，并且，除非个人的见识得到增长，否则的话，这些性格特征就不可能改变。因此，要想重塑一名儿童，我们就必须让这名儿童明白他在幼时的经历。我们必须让这名儿童明白，他的原型正在对其人生当中的所有境况产生错误的影响。

理解原型并且因此而理解个人本性的一种重要方法，就是研究早期记忆。我们的所有知识与观察都促使我们得出了这样一个结论：我们的早期记忆是原型当中的一部分。举个例子就可以把我们的观点阐述清楚。假设有一名儿童属于第一种类型，即是一个具有生理缺陷的儿童。我们不妨假设，这名儿童的肠胃不好。假如他记得小时候看到过什么或者听到过什么，那么，这种记忆十有八九都在某种程度上与食物相关。再以一名左撇子儿童为例。这种惯用左手的情况同样会影响到他看问题的视角。一个人可能会跟大家说起小时候母亲溺爱他的情景，或者是说起弟弟或者妹妹出生的事情。要是父亲脾气暴躁的话，他就会跟大家说到他小时候挨打的情况；而要是上学时他是一个很不招人喜欢的孩子，他就会跟大家说起自己受到别人攻击的情况。如果我们学会了洞察这些现象的重要性，那么所有这些现象都会成为非常宝贵的材料。

理解早期记忆的技巧含有一种程度很高的同感力，即让自己感同身受地体验一名儿童小时候处境的那种力量。只有通过这种同感力，我们才能够理解，对于一名儿童的人生来说，一个弟弟或妹妹的降生所具有的深刻的意义，才能理解一个脾气暴躁的父亲的责骂会在一名儿童心中留下深刻的烙印。

不过，我们在论述这一问题的时候，不能过分强调，惩罚、训诫和规劝都毫无益处。倘若儿童与大人都不知道应该在哪一点上做出改变，那么做什么都是不会起作用的。假如孩子不明白这一点，他就会变得更加淘气或更加怯懦。然而，儿童的原型是不可能用这样的惩罚与规劝去加以改变的。仅仅利用生活经历也不可能改变原型，因为人生经历此时早已与个人的统觉体系保持一致了。只有触及最根本的人格，我们才能有所改变。

观察一下把孩子培养得非常糟糕的家庭，我们就会看出，尽管孩子们都看似很聪明（此处的聪明是指：提出一个问题，他们都会给出正确的答案，仅此而已），但若是细究种种征兆与表现的话，我们就会发现，他们都怀有一种严重的自卑感。聪明自然不是什么必不可少的常识。这种儿童都具有一种完全属于个人的（我们可以称之为"私下的"）心理态度，也就是我们会在精神病患者身上看到的那种态度。比如说，患上一种强迫性神经病的人，虽说意识到了自己总是数窗户的做法毫无益处，可他没法不去数。一个关注有用事物的人是绝对不会这样去做的。拥有一种不同于他人的理解与语言，也是精神病患者的典型特征。精神病患者从来都不会用常识性的语言来说话，常识性的语言却标志着个人社会兴趣的程度。

倘若对比一下常识性的判断与个别的判断，我们就会发现，常识性判断往往都是近乎正确的。利用常识我们能够分辨出好与坏来，尽管在一种复杂的情形之下我们常常会犯错，可这些错误往往都会通过常识的运动而自行纠正过来。但是，那些总是追求个人兴趣的人，没法像别人那样轻而易举地辨别出对错来。事实上，更确切地说，他们暴露出了自身的无能，因为在旁观者看来，他们的所有行为都是一览无余的。

我们不妨想一想犯罪行为。探究一下一名犯罪分子的智力、理解力与动机，我们就会发现，犯罪分子往往会把自己的犯罪看作某种聪明绝伦而又富于英雄气概的行为。犯罪分子认为，自己已经实现了某种优越目标。也就是说，犯罪分子觉得自己比警察更聪明，能够胜过他人。这样，犯罪分子就在自己的心目中成了一位英雄，可他没有看出，自己这种做法揭示的是与英勇截然相反的内心世界。这种人缺乏社会兴趣，他把自己的活动都放在人生当中无益的一面。而欠缺社会兴趣又与这种人缺乏勇气和怯懦胆小紧密相关，只是犯罪分子不知道自己这一点罢了。那些背转身去朝向事物的无用方面的人，常常都会害怕黑暗与孤独。他们都希望与别人待在一起。这就是怯懦胆小，并且理应称之为怯懦胆小。事实上，预防犯罪的最佳办法就是让每一个人都确信，犯罪不过是一种怯懦胆小的表现罢了。

众所周知，有些犯罪分子到了三十岁之后，就会找一份正经工作，结婚成家，并且在日后的生活当中变成合格的公民。这是怎么回事呢？以一个窃贼为例。一名年过三十的老窃贼，怎么能与一名年仅二十的惯偷去较量呢？后者更聪明，也更强壮。而且，到了三十岁之后，犯罪分子也不得不用一种不同于以往的方式去生活了。犯罪职业便会不再适合于犯罪分子，而犯罪分子也会发现还是洗手不干为宜。

还有一个与违法犯罪者相关的事实我们应当牢记在心，那就是加大惩处力度，我们完全不是在威慑单个的犯罪分子，而只是在协助增强犯罪分子觉得自己是一个英雄人物的那种信念。我们绝不能忘记，犯罪分子生活在一个以自我为中心的世界里。在这个世界当中，一个人永远都找不到真正的勇敢、自信和常识，永远都理解不了那些共同的价值观。这种人是不可能加入某个社团的。精神病患者几乎不会加入哪个俱乐部，而对于广场恐惧症患者或者精神病患者来说，加入某个俱乐部就更是一件无法完成的"壮举"了。问题儿童或者自杀者从不会交朋友。这是事实，可其中的原因，却一直都没有人找到。然而有一个原因是可以肯定的，那就是他们之所以从不交朋友，是因为他们的童年生活都是按照一种以自我为中心的方向进行的。他们的原型都倾向于追求种种虚假的目标，原型的发展道路把他们引向了生活中无用的方面。

现在，我们不妨来研究一下"个体心理学"对教育与训练精神病患者所提出的课题吧。这里所说的精神病患者，包括患有神经病的儿童、违法犯罪者，以及那些借酒精之力来逃避有益人生的人。

为了轻松而迅速理解这些人是在哪个方面出了问题，我们一开始都会询问，这些人是什么时候开始不对劲的。通常来说，这些人都会把出现问题的责任归咎给某种新的情况。不过，这是一种错误，因为真正出现问题之前，我们的患者并没有做好应对此种情况的充分准备。通过调查研究，我们就会发现这一点。只要处于有利的情况之下，患者原型中存在的那些错误就不会明显地显露出来，因为每一种新情况都带有实验性，患者都是根据自身原型所形成的那种统觉系统来对新情况做出反应的。患者对于新情况的反应并非仅仅是一种感应，因为这种反应具有创造性，并且与主宰患者一生的那个目标保持着一致。在我们进行"个体心理学"研究的过程中，经验早已告诉我们，我们既可以把遗传的重要性排除在外，还可以把某个孤立部分的重要性排除在外。我们看到，原型是根据自身的统觉系统来对经历做出回应的。要想获得结果，我们必须加以影响的也正是这种统觉系统。

这一点，总结出了过去二十五年来"个体心理学"开发出来的那种方法。大家可以看到，"个体心理学"已经朝着一个新的方向走了很长一段路。如今世间有着众多的心理学流派与精神病学流派。这个心理学家朝着这个方向研究，那个心理学家又朝着另一个方向研究，并且没有哪位心理学家认为别人的研究方向是正确的。或许，读者也不该完全依赖于信仰和教条。读者自己去做比较后将会发现，我们对所谓的"内驱力"心理学（美国的麦克杜格尔是这一流派的最佳代表）不敢苟同，因为在这种流派所称的"内驱力"当中，遗传倾向占据了太大的分量。同样，我们也无法认同行为主义当中的"条件反射"与"心理反应"。除非我们明白了这些运动所指向的那个目标，否则的话，用"内驱力"与"心理反应"这样的东西来构建一个人的命运与性格就是毫无益处的。这两种心理学都没有从个人目标的角度来进行思考。

诚然，在提到"目标"这个词的时候，读者很可能只有一种朦胧的印象。这个概念需要加以具体化。注意，归根结底，拥有一个目标就像是渴望变得像上帝一样。不过，"变得像上帝一样"属于终极目标，即目标的目标——要是可以那样说的话。教育工作者在试图教育自己和儿童变得像上帝一样的过程中应当谨慎才是。事实上我们发现，儿童在成长的过程中，会用一种更加具体而直接的目标取代这一终极目标。儿童会在自己的身边寻找一个最为强大有力的人，然后把这个人当成自己的榜样或者目标。这个人有可能是儿童的父亲，也有可能是儿童的母亲。因为我们发现，倘若母亲看上去就是这种最强大有力的人，那么儿子也会受到影响，去模仿自己的母亲。再长大一点儿，他们就会想要当车夫，因为他们都认为，车夫就是最强大有力的人。

儿童内心首次确定这样一个目标之后，他们在行为举止、感觉和穿着打扮上，就都会像是一名车夫，并且会形成与这一目标相一致的所有性格特点。可是，只要警察轻轻抬一抬手指，车夫的形象就顿时威风扫地了……再到后来，儿童的理想有可能变成当医生或者当老师。因为老师可以惩罚儿童，让儿童觉得老师是强大有力的人，从而激发出儿童内心的崇敬之感。

在挑选目标的过程中，儿童所选择的目标总有一些具体标志。而我们也发现，儿童选择的实际上正是其社会兴趣的缩影。在被问到日后想要干什么时，一个男孩子这样回答说："我想当一名刽子手。"这句话表明，他的心中缺乏社会兴趣。这个男孩希望变成一个能够主宰生死的人，他希望自己比整个社会都强大，因此便走向了一种无益的人生。长大后当医生的这个目标，也是围绕着能够掌控生死的渴望心态形成的，只不过在此种情况下，儿童的目标是通过为社会服务的方式实现的。

第二章　自卑情结

　　在"个体心理学"实践中，利用"意识"与"潜意识"两个术语来规定一些独特因素的做法是不正确的。意识与潜意识一起朝着同一个方向运动，因此与人们通常的看法相反，二者并不相矛盾。而且，二者之间也没有什么明确的界线。我们面对的，只是一个查明二者共同运动要达到何种目标的问题。除非把二者之间的整体联系搞清楚，否则我们就不可能确定哪些方面属于意识范畴，哪些方面又属于潜意识的范畴。这种联系会在原型当中体现出来，也就是在上一章中已分析过的那种人生模式当中体现出来。

　　有一个案例记录，可以说明意识生命与潜意识生命之间的那种紧密联系。有一位年过四十的已婚男士，患有一种焦虑症，很想从窗户跳出去。他始终都在与这种欲望进行对抗，可除了这一点，他的体质其实相当不错。他有许多朋友，有一份不错的工作，并且与妻子过得很幸福。除非从意识与潜意识的协作方面来进行阐述，否则他的情况就是无法解释的。在意识当中，他觉得他必须从一扇窗户跳出去。尽管如此，他还是要继续生活。事实上他从来没有真正企图从一扇窗户跳出去。之所以如此，原因就在于他的人生当中还有另一面。在人生的这一面，努力上进与此种渴望自杀的心态发挥出了重要的作用。自我当中这个无意识的一面与意识通力协作的结果就是让他成功地克服了自杀的欲望。实际上，在他的"生活方式"（对于这个术语，我们在后面一章中还将加以详述）中，他就是一个已经实现了自身优势目标的胜利者。读者可能会问，既然具有此种有意识的自杀倾向，这位男士又怎么可能心存优越感呢？答案就在于，这个人的自我当中，有一种东西正在与他的自杀倾向进行着抗争，正是因为在这种抗争当中取得了成功，他才变成了一个胜利者和一个优越者。平心而论，他为争取优越感而付出的这种努力，受到了其自身弱点的制约。那些在某个方面存有自卑感的人经常会出现这种情况。不过重要的是，在他自身这种隐秘的斗争当中，他的优势追求以及他对生存与征服的追求压倒了他内心的那种自卑感及求死心态。虽说事实上后者表现在他的意识生命当中，而前者则表现在他的无意识生命当中，但情况仍是如此。

我们不妨来看一看这位男士原型的发展是不是证实了我们的理论。我们先来分析一下他早期的记忆。我们得知，他很小的时候在学校里就有问题了。他不喜欢其他的男生，希望躲开他们。尽管如此，他还是鼓起勇气留在学校里，面对着其他男生。换言之就是，我们已经能够感受到他当时正在努力克服自身的软弱。他直面自己的问题，并且克服了这一问题。

分析一下这位患者的性格，我们就会发现，他的人生目标之一就是战胜自己内心的恐惧与焦虑感。在这个目标当中，他那些有意识的想法与无意识的念头通力协作，形成了一个统一体。注意，倘若我们不把人类看成是一个统一体，那么我们可能就会认为这位患者并不优越，也没有获得成功。我们可能会认为，这位患者只是一个野心勃勃的人，只是一个想要抗争与奋斗，本质上却很懦弱的人。然而，这样一种观点是错误的，因为我们没有考虑到此种情况下的所有要素，没有根据人类生命的统一性来理解这些事实。倘若我们现在还根本无法确定人类是个统一体，那么我们的整个心理学、我们对个人的全部认识，或者说我们为认识个人所做出的一切努力，就都是徒劳无功、毫无益处的。倘若预先就假定人生当中的这两个方面彼此不相关，那么我们就不可能将生命看成一种完整的实体。

除了把一个人的生命看成一个统一体，我们还需将它与其社会关系背景联系起来。刚一出生的婴儿是软弱的，这种软弱使得他们必须得到别人的照料。注意，倘若不去考虑那些照料儿童并且弥补儿童自卑感的人，我们就无法理解一名儿童的生活方式或者生存模式。儿童与母亲及家庭之间存在着种种相互交联的关系，倘若只去分析儿童在空间当中实际存在的外部状态，我们就绝对不可能理解这些关系。儿童的个性超越了生理上的独特性，涉及由诸多社会关系所组成的整个背景。

以上对于儿童进行的这种分析，从某种程度上来看，也适用于整个人类。导致儿童必须在家人怀抱中才能生存的那种脆弱，与促使人类生活于社会当中的那种脆弱是类似的。绝大多数的人在某些情况下都会产生一种无能感。他们都会觉得自己不堪承受人生的种种困难，并且无力独自去面对这些困难。因此，人类最强大的一种倾向始终都是组成群体，以便自己可以作为社会的一员生存下去，而不是一个孤立的个体。毫无疑问，在人类克服自身那种无能感与自卑感的过程中，这种社会生活发挥出了巨大的作用。我们都知道，动物也是如此。在动物界里，弱势物种总是群居在一起，以便把力量团结起来，去满足个体的需求。这样，一群野牛就可以保护自身免遭狼群的杀戮了。单独一头野牛不可能做到这一点，一群野牛却会团结起来，把头抵在一起，用自己的后腿与敌人搏斗，直到它们获救为止。另一方面，大猩猩、狮子和老虎却能独自生存，因为大自然已经赋予了它们自卫的能力。人类没有它们的雄力强躯，没有它们那样锋利的爪子，也没有它们那样的獠牙，因此人离开了群体就无法独自生存。这样我们就会看出，社会生活植根于个体的软弱无力之中。

正是基于这一事实，我们不能指望社会当中所有的人都具有同等的本领与能力。不过，一个经过了恰当调整的社会，对于组成这个社会的个体发挥出各自的能力，却是不会疏于支持的。这一点十分重要，我们必须理解，不然的话，我们就会误以为，只能完全按照遗传本领去对个人进行评判。事实上，一个生活在一种与世隔绝的环境里并且在某些能力方面存在缺陷的人，生活在一个组织适当的社会里，这些缺陷完全可以得到弥补。

我们不妨假定个人的种种缺陷都是遗传得来的。那样的话，训练人们与他人和谐地共同生活就成了心理学的目标。而这种训练的目的就是帮助人们减轻他们天生具有的那些缺陷所带来的影响。社会进步的历史就讲述了人类协作起来克服自身缺陷与不足的故事。

大家都知道，语言是一种具有社会性的发明。可很少有人认识到，个体的缺陷正是发明语言的根源。然而，这一理论在儿童小时候的行为中得到了证实。倘若心愿没有得到满足，儿童就会想要获得关注，并且会用某种语言努力让大人去关注他们。不过，倘若一名儿童无须获得关注，那么他根本就不会试着去说话。婴儿在刚出生那几个月里，正是如此，此时，不等婴儿表达出来，母亲就会满足孩子的一切心愿。一些病例记录表明，有些孩子直到六岁还不会说话，原因就在于，此前这些孩子根本不需要说话。聋哑父母所生的孩子很特别，这种孩子的情况也证明了这个观点。这种孩子摔倒、伤着自己之后会哭，但他不会哭出声来。他很明白，自己大声哭出来毫无用处，因为父母听不到他的哭声。因此，他便会做出哭泣的样子来获得父母的关注，只是这种哭泣没有发出声音罢了。

因此我们便会看出，对于研究的种种事实，我们始终都必须着眼于它们的整个社会背景才行。我们必须考虑到社会环境，才能理解一个人选择的那种独特的"优势目标"。我们也必须考虑到社会状况，才能理清某种特定的适应不良。比如，许多人发现自己无法利用语言去跟别人进行正常的交流。口吃者就是一个恰当的例子。仔细研究一下口吃者，我们就会看出，从人生伊始，口吃者从来都没有充分地适应过社会。口吃者不想参与任何活动，也不想交朋友或者结识志同道合的人。他们的语言发展需要他们去跟别人结交，口吃者却不想与别人结交，于是，他的口吃便会毫无好转。实际上，口吃者当中也存在两种倾向，一种是愿意与他人结交的倾向，而另一种便是自寻孤独的倾向。

我们还发现，在日后的生活当中，一些没有经历过社会化生活的成年人都不善于当众发言，并且会形成一种怯场的性格倾向。这是因为，他们都把自己的听众当成了敌人。在面对一群似乎虎视眈眈、似乎占据着优势的听众时，他们都有一种自卑感。实际上，一个人只有在相信自己、信任听众的情况下才能畅所欲言，也只有在这种情况下，一个人才不会怯场。

因此，自卑感与社会化训练这个问题是紧密相关的。正因为自卑感源自一种社会不适应感，而社会化训练就是一种我们赖以克服自身的种种自卑感的基本方法。

社会化训练与常识之间具有一种直接的联系。当我们说，人们通过常识解决了他们的难题时，我们所说的常识其实是社会群体的集体智慧。另一方面，正如我们在上一章里说的那样，用一种不通用的语言和一种不通用的理解来行事的人，显示出了一种不正常的状态。精神病患者、神经错乱者以及违法犯罪者都属于这一类。我们发现，这种人都对某些事物不感兴趣，比如说人、机构和社会规范都对他们没有吸引力。然而，能使他们获救的正是这些东西。

在治疗这种人的过程中，我们的任务就是要让社会性的事物对他们产生吸引力。只要自己表达的是好意，忧心忡忡的人往往都会觉得自己是情有可原的。不过，光有好的意愿是不够的。我们必须让他们明白，在整个社会里，重要的是行为的实际效果，以及他们实际给予了的东西。

尽管自卑感与优势追求普遍存在，但若是认为这一事实说明了人都完全相同就不对了。虽说自卑感与自大感是支配人类行为的一般条件，但除了这两个条件，人们在体力、健康状况和所处环境等方面还存在差异。正是由于这个原因，许多人在相同的条件下才会犯不同的错误。仔细研究一下儿童的情况，我们就会发现，他们回答问题时并没有一个绝对固定和正确的方式。他们都是以各个不同的方式来做出反应的。他们都会努力去形成一种更好的生活方式。他们全都是用自己的方式去争取的，同时犯下具有他们自身特点的错误，并且用他们自身的方式走向成功。

让我们来分析一下个体的某些不同类型以及独特性。我们不妨以左撇子儿童为例。有些孩子可能从不知道自己是个左撇子，因为他们都经过了精心训练，能够熟练地运用自己的右手了。起初，他们由于右手笨拙，因此会被别人责骂、批评和嘲笑。这确定是一个遭人笑话的缺陷，但我们的双手都应当得到训练才是。一个孩子尚在襁褓之中时，我们就可以看出他是左撇子，因为这种婴儿的左手要比右手活动得更多。在日后的生活当中，这种人可能会因为右手不灵活而有思想负担。另一方面，这种儿童在成长过程中常常会对自己的右手与右臂更感兴趣，从而表现在绘画、写作等方面。实际上，这种左撇子儿童在日后的生活当中比正常儿童得到了更好的训练是不足为奇的。这是因为这种儿童必须培养自己的兴趣，可以说他们必须起得更早，进而使他们自身的缺陷引导他们去进行更加精心的训练。在培养艺术天分与本领的过程中，这常常是一种极大的优势。处于此种位置的儿童通常都会雄心勃勃，并且会努力抗争去克服自身的种种局限。然而，有的时候这种抗争是十分困难的，他可能会变得羡慕或者嫉妒他人，从而产生一种更加严重的自卑感来。与正常情况相比，这种自卑感也更加难以克服。通过不断抗争，一名儿童可能会变成一个争强好斗的孩子，或者在日后变成一个争强好斗的成年人。他心中始终牢记着他不应该笨手笨脚、不应该有缺陷的这种想法。这种人的思想负担会比其他人更重。

儿童都在努力，都会犯下错误，并且按照他们在四五岁时就已形成的那种原型，用各种各样的方式成长着。每个儿童的目标都是不一样的。一个孩子可能想当画家，另一个孩子却有可能因为不适应社会而希望自己能逃离这个世界呢。我们可能知道孩子如何才能克服自身的缺陷，孩子却不知道这一点，而且，我们往往也没有用正确的方式，给孩子解释清楚这些事实。

许多儿童眼、耳、肺或者胃都有生理缺陷，而我们也发现，这些缺陷的方面最能引起他们的兴趣。有一个很奇怪的例子就可以说明这种情况：一名男子，只有在晚上下了班回到家里之后，才会犯哮喘病。他是一位四十五岁的已婚男士，有一份非常不错的工作。我们问他为什么总是要到下班回家之后他才会哮喘发作。他解释道："您瞧，我的妻子非常崇尚物质享受，可我是个理想主义者，因此我们总是意见不合。下班回到家里之后，我只想安安静静地在家里放松一下自己，可我的妻子却想去参加社交聚会，所以，要是留在家里的话，她就会牢骚不断。于是，我就会发起脾气，就会开始喘不过气来。"

为何这位男士只是喘不过气来？为何他没有呕吐呢？事实就是他只是在与自己的原型保持一致罢了。他小的时候，曾经因为某种缺陷而不得不缠上绷带，可那种紧密的束缚影响到了他的呼吸，使得他非常不舒服。然而，当时他家里雇了一名女佣，那位女佣很喜欢他，愿意坐在他的身边去安慰他。女佣的所有注意力全都放在他的身上，而不是放在自己身上。这样一来，女佣就让他形成了一种印象，那就是始终都会有人来逗他开心，始终都会有人来安慰他。他四岁那一年，这位女佣曾离家去参加一场婚礼，他陪着女佣去车站，一路哭得非常伤心。女佣走了之后，他竟然对自己的母亲这样说："女佣走了，我对这个世界再也没有什么兴趣了。"

因此我们可以看出，长大成人之后，他仍然像是处于形成自身原型的那种年纪一样，仍然在寻找一个理想的人物。这个理想的人物始终都会逗他开心、给他安慰，并且只会关注他一个人。所以，他的问题并不是他喘不过气来，而是没有人一直逗他开心、给他安慰。当然，要找到一个时时都能逗他开心的人，并不是一件容易的事情。他始终都想要掌控全局，而倘若成功地做到了这一点，这种想法也为他的成功发挥了一定程度的作用。因此，他一喘不过气来，他的妻子便不想再去看戏，不想再去参加社交聚会了。于是，他便实现了自己的那种"优势目标"。

在自觉的情况下，这位男士的举止总是非常正确、非常恰当的，但在其内心里，他却怀有一种成为征服者的渴望。他想要让妻子变成他所谓的"理想主义者"，而不是所谓的"崇尚物质享受者"。我们可以推断出，这种人的内心必定怀有完全不同于表面上看起来的种种动机。

我们经常会看到一些视力方面有缺陷的儿童会更关注可见事物。他们在这个方面形成了特殊的能力。视力不佳、患有散光的伟大诗人古斯塔夫·弗莱塔格就获得了巨大的成就。诗人与画家的眼睛大多都有问题。不过，这一点本身常常又会让诗人与画家产生更大的兴趣。弗莱塔格曾经如此描述过自己的情况："由于我的眼睛与其他人的眼睛不同，因此我似乎是被迫去运用并训练自己的想象力的。我不知道，这一点有没有在我变成伟大作家的过程中发挥作用，但不管怎么说，视力不好使得我在幻想当中要比别人在现实当中看得更加清楚。"

倘若研究一下一些天才人物的性格特点，我们往往会发现，他们都有视力不佳或者其他一些缺陷。在历史上，甚至神仙们也会具有某种缺陷，比如说一只眼失明或者双目失明。有些天才人物虽说几近失明，却仍然能够比其他人更加清楚线条、阴影和色彩方面的差异。这一事实表明，倘若正确地理解了问题之所在，我们就知道如何去治疗一些深受缺陷折磨的儿童了。

有些人对食物的兴趣比其他人的都大。正是由于这个原因，他们才会总是在讨论什么东西他们能吃，什么东西他们不能吃。通常来说，这种人出生之后，都曾经在吃东西的问题上度过了一段艰难的时光，从而在这方面形成了一种比别人更深厚的兴趣。他们很可能曾经不断听到自己那位关照入微的母亲告诉他们能吃什么，不能吃什么。他们不得不训练自己克服自身肠胃方面的缺陷，因此他们都极其关注自己午餐、晚餐或者早餐要吃什么。由于心里始终都关注着饮食，因此他们或会掌握烹调技术，或会成为饮食方面的专业人士。

然而，肠胃功能不好，偶尔也会导致人们去追求某种东西来替代食物。有的时候，这种替代之物就是金钱，而这种人便会变成贪得无厌的守财奴或者很会赚钱的银行家。他们常常都会努力地赚钱，并且不分日夜地为了这一目的而奋斗。他们永远都在想着自己的业务。这是事实，有的时候他们可能远远超过了其他从事类似行业的人。有趣的现象是，我们经常听说富人肠胃不好。

现在我们不妨回想一下身心之间经常出现的那种关联性。一种给定的缺陷，并非始终都会导致同一种结果。一种生理缺陷与一种不良的生活方式之间，并不存在什么必然的因果关系。在生理缺陷方面，我们常常能够通过适当的营养措施进行有效的治疗，从而消除生理方面的不良状况。不过，并不是生理缺陷导致了不良的后果；之所以出现不良后果，是由于患者的态度。对于个体心理学家而言，纯粹的生理缺陷或者排他性的自然因果关系并不存在，而只存在错误对待身体状况的态度，其中的原因就在于此。而且，个体心理学家之所以力图在原型形成过程当中培养出一种对抗自卑感的追求，原因也在于此。

有的时候，我们看到一个人会因为急不可耐地想要克服困难而显得焦躁不安。不管什么时候，只要看到有人总是躁动不安、脾气很大且容易动怒，那么我们往往就能断定，他们都是怀有一种严重自卑感的人。一个明白自己能够战胜困难的人是不会焦躁不安的。另一方面，他也未必总能如愿以偿。儿童倘若狂妄自大、粗鲁无礼并且争强好斗，那也说明他们怀有一种严重的自卑感。在他们这种情况下，我们的任务就是寻找原因，即寻找他们面临着哪些困难，以便对此进行治疗。若原型在生活方式当中出现错误，我们绝不应当进行批评或者惩罚。

在儿童一些非常独特的方面，比如在他们那些异乎寻常的兴趣当中，在他们计划并努力超过别人的过程当中，以及在他们确立优势目标的过程当中，我们都可以看出这些原型特征来。有一种类型的儿童，在言谈举止当中都信不过自己。这种人更喜欢尽可能地排斥别人。这种人不愿到新环境中，他们宁愿待在让他们觉得稳妥的那种小圈子里。在学校里，在生活、社会、婚姻中，他们的表现都是一样的。这种人总是希望在自己的那个小小的圈子里做出巨大的成就，以便实现一种优势目标。我们在许多人的身上都会看到这种特点。这些人不明白，要想做出成就，一个人必须做好面对一切情况的心理准备，必须面对一切。谁若是排除掉了接触某些环境和某些人，那么他就只有凭借个人的智力来鉴定自己行为的标准了，可仅有这一点是远远不够的。社会交往与常识带来的阵阵新风，一个人全都需要。

假如一位哲学家希望完成自己的研究，他就没法总是去跟别人共进午餐或者晚餐，因为哲学家需要长时间的独处，才能汇集自己的各种思想，才能运用正确的方法。但过了一段时间之后，哲学家又必须通过与社会进行接触不断地成长才行。此种接触就是哲学家成长过程中一个重要的组成部分。因此，遇到这样一个人的时候，我们除了必须记住他的这两个必备条件，还须记住，这种人可能有用，也可能毫无价值，因此应当仔细寻找其有用与无用行为之间的差异。

整个社会进程的关键可以从人们往往都在努力寻找一种可以让自身出类拔萃的处境这一事实当中看出来。因此，怀有一种严重自卑感的儿童会想要排斥那些更加强壮的孩子，才会想要与那些更加弱小从而能让他们左右和欺压的孩子玩耍。这是自卑感的一种不正常的病理性表达，因为认识到要紧的不是自卑感本身，而是自卑感的程度与特点十分重要。

这种不正常的自卑感已经被人们称为"自卑情结"了。不过，用"情结"一词来概括这种遍布于整个人格当中的自卑感其实并不正确。这种自卑感并非仅仅是一种情结，它几乎可以说是一种疾病，而在不同的情况下，它的破坏作用也各有不同。例如，有的时候我们注意不到一个正在上班之人的自卑感，因为这个人对自己从事的工作很有信心。另一方面，在社交或者与异性的关系上，这个人可能会对自己没有信心，从这个方面，我们就能看出他的真正心理状态了。

我们注意到，在一种紧张或者棘手的情况下，人们出现错误的程度会更加严重。正是在这种棘手的或者新的情况下，原型才会恰当地呈现出来。而事实上，这种困难情况往往差不多也是一种新的情况。正如我们在第一章中所说的那样，处于一种新的社会情境当中时，一个人之所以会表达出自身社会兴趣的程度来，原因就在于此。

假如把一名儿童送到学校里去上学，那么我们就会像在普通的社交生活当中一样，看出他在学校里表现出的社会兴趣来。我们可以看出，这名儿童是与同学们打成一片呢，还是会逃避自己的同学。要是看到那种异常活跃、淘气而聪明的孩子，我们就必须深入审视他们的内心，去找出其中的原因。倘若看到有些孩子只会有条件地或者犹豫不决地行动，那我们就必须密切注意，找出那些与他们在日后的社交、生活及婚姻当中将会暴露出来的完全相同的性格特点。

我们经常碰到一些人，他们都会这样说："我想这样来做这个……但是……""我愿意接受那份工作……但是……""我会与那个人打上一架……但是……"这样的话语全都有一种严重自卑感的标志。实际上，倘若如此理解的话，我们还会对某些情感（比如说疑虑）形成一种新的领悟。我们认识到，一个疑心很重的人往往会一直疑虑下去，从而一无所成。然而，倘若一个人说"我不会"，那他十有八九都会照此行事。

倘若仔细观察，心理学家常常就可以看出人们身上的诸多矛盾之处来。此种矛盾，可以看成是自卑感的一种标志。不过，对于我们正在论述的这种人，我们还需观察他的行为举止。比如说，他接近别人、与别人结交的方式可能都很蹩脚，因此我们必须观察，看他接触别人时是不是犹豫不决，是不是伴随着某种身体的姿势。这种犹豫不决的态度常常还会在生活当中的其他情况下表达出来。有许多人都是进一步退一步；而这一点就是他们怀有严重自卑感的一种标志。

我们的全部任务就是训练这些人，让他们摆脱那种犹豫不决的态度。正确对待这种人的方法就是鼓励他们，并且从不打击他们，不让他们气馁。我们必须让这些人明白，他们既有能力面对困难，也有能力去解决人生当中的各种问题。这是让他们增强自信的唯一办法，也是我们应对自卑感的唯一办法。

第三章　优越情结

在上一章，我们讨论了自卑情结，以及它与普通自卑感之间的关系。我们全都具有这种普通的自卑感，并且都在与这种自卑感做斗争。现在，我们则必须转向与之相反的一个主题，即自大情结。

我们已经看到，一个人生命当中的每一种症状都会在一种运动中表现出来，即在一种发展过程中表现出来。因此，我们可以说，这种症状既有过去，也有未来。注意，这种未来与我们的努力和我们的目标紧密相关，而这种过去则代表了我们正在试图克服的那种自卑或者不足状态。我们之所以关注自卑情结的根源，对于自大情结，我们却更关注其持续性以及这种运动本身的发展过程，原因就在于此。此外，这两种情结也有着天然的联系。因此，若是在一些病例当中我们既看到了自卑情结，还发现有一种自大情结或多或少隐藏其中，我们就不应当感到惊讶。另一方面，倘若探究一种自大情结并且研究其持续性的话，我们往往也能发现其中或多或少隐藏着一种自卑情结呢。

当然，我们应当牢记，在说到自卑与自大时所用的"情结"一词，只是代表着自卑感以及优势追求的一种夸张状态。倘若我们如此来看待事物，那么这个词就会消除两种对立的性格倾向之间那种表面上的矛盾，即一个人身上同时存在着自卑情结与自大情结的现象。这是因为，作为两种正常的情感，优势追求与自卑感之间天然具有互补性，这是显而易见的一件事情。如若不是对目前的状况怀有某种欠缺感，我们就不会努力想要去超过别人和获取成功了。注意，由于这两种所谓的"情结"是由两种自然情感发展而来，所以它们之间的对立性就不会比两种自然情感之间的对立性更大。

优势追求永远都不会停止。实际上，优势追求构成了人的精神，也就是构成了一个人的心灵。正如我们已经指出的那样，生命就是实现一个目标或者获得某种形态的过程。而将获得形态这一过程付诸行动的正是优势追求。它就好比是一条涓涓溪流，将能够找到的物质全都裹携着一路前行。倘若看到懒惰的孩子，看到他们缺少运动、对任何东西都没有兴趣的状态，我们就会说，他们看上去都不是在进步。尽管如此，在他们身上，我们还是会发现一种渴望超过别人的心态，发现一种想要让他们能说"要不是懒惰的话，我可以当上总统"这种话的心态。我们可以说，他们都是在有附带条件地前进和努力着。他们都自视甚高，并且持有这样一种观点：假如……他们就能够在人生有益的一面做出巨大的成就！当然，这是一句谎言，是假设出来的。可我们都知道，人经常满足于假设。对于那些缺乏勇气的人而言，则尤为如此。他们会完全让自己满足于种种假设之中。他们都觉得自己不够强大，因此往往会走弯路。也就是说，他们往往都想要逃避困难。通过这种逃避，通过这种避开奋斗，他们就获得了一种自己比实际情况更加强大、更加聪明的感觉。

我们看到，那些开始小偷小摸的儿童，其实都是优越感的受害者。他们以为自己那样做是在欺骗别人，以为别人不知道他们正在偷东西。这样一来，他们几乎不用费什么力气就会变得比别人更富有了。同样的一种优越感，在那些以为自己是超级英雄的犯罪分子身上也体现得非常明显。

我们已经从另一个角度把它当成是一种个人智力的表征讨论过这种性格特点了。它既不属于常识，也不属于社会感。倘若一名杀人犯自以为是个英雄，那么这不过是一种个人的看法罢了。他其实毫不勇敢，因为他希望用这种做法来逃避，不去解决人生当中的各种问题。因此，犯罪就是一种自大情结的产物，而不是一种根本性的原始邪恶的表达。

在精神病患者身上，我们也会看到类似的症状。例如，有的人因患有失眠症，而第二天就会身体虚弱，无法完成自身的工作任务。由于患有失眠症，他们都觉得别人不能要求他们去工作，因为他们无法胜任原本能够做好的工作。他们会发牢骚说："要是睡得着的话，我又有什么做不到的呢？"

在那些患有焦虑症而情绪抑郁的人身上，我们也会看到这种状况。他们所患的焦虑症使得他们都变成了在别人面前专横无理的人。事实上，他们会利用自己的焦虑去左右别人，因为他们始终都得有人陪伴，无论走到哪里，他们也必须有人陪同，诸如此类。而陪伴他们的人，就不得不按照情绪抑郁者的要求去过自己的生活了。

抑郁症患者与精神病人往往都是整个家庭关注的中心。我们会在这种人身上看出自卑情结的威力。这些患者都会抱怨说，他们觉得自己虚弱无力、日渐消瘦等等。尽管这样，他们实际却是所有人当中最为强大有力的。他们左右着那些身体健康的家人。这一事实，不会令我们感到惊讶，因为在我们的文化当中，弱势是可以变得非常强大、非常有力的。（的确，倘若我们问一问自己，我们这种文化当中最强大有力的是什么人，那么合乎逻辑的答案，就会是婴儿。婴儿能够左右别人，别人却无法控制婴儿。）

我们不妨来研究一下自大情结与自卑情结之间的联系。可以用一名具有自大情结的问题儿童，即一个粗鲁无礼、狂妄自大而又争强好斗的孩子为例。我们会发现，这名儿童始终都想要显得比真实的自己更加了不起。我们都很清楚，一些爱发脾气的孩子都希望通过突然大发脾气的方式去控制别人。他们为何会那么没有耐心呢？这是因为，对自己是不是强大得足以实现其目标这一点，他们都感到没有把握。他们都觉得自卑。在那种喜欢打架、争强好斗的孩子身上，我们往往会发现一种自卑情结，以及一种想要克服这种自卑情结的渴望。这就好比是，他们都在尽力踮起脚尖以便让自己显得更加威风，并且想要通过这种轻松的方法来获得成功、自尊与优越感。

我们必须找到治疗这种儿童的办法。他们之所以那样做，是因为他们没有看到生命的一致性，他们没有看到自然规律。我们不能因为他们不想看到这一点而去责怪他们，因为如果我们在他们面前提出这个问题的话，他们往往都会坚持说，他们并不觉得自卑，反而觉得自己强过别人。因此，我们必须用一种友好的态度向他们解释清楚我们的观点，并且让他们逐渐理解这一观点。

倘若一个人喜欢卖弄，那么只是因为这个人觉得自卑，只是因为这个人觉得自己不够强大，无法在人生有益的一面与他人展开竞争。这种人之所以留在人生无益的一面，原因就在于此。这种人无法与社会和谐相处。他无法适应社会，也不知道如何去解决人生当中的种种社会问题。因此，我们往往会看到，这种人在儿童时期就与自己、父母和老师进行过抗争。在这种情形下，我们不仅要理解这些孩子的状况，而且必须让孩子也能明白这种状况。

在各类精神疾病当中，我们也会看到患者身上同样既存在自卑情结又存在自大情结的现象。精神病患者往往会表达出自大情结而他们却看不到自己身上的那种自卑情结。有一位强迫性精神病患者的情况在这个方面对我们就很有启发性。有个小姑娘与一位非常迷人的姐姐关系很亲密。首先，这一事实很值得我们注意，因为倘若家里有一个人比其他人都要出众，那么其他家人就会处于不利地位。不论家里的这个出众的人是父亲、某个孩子，还是母亲，情况往往都是如此。这样，就会让其他家人陷入一种非常艰难的处境。有的时候，这些家人会觉得，他们根本无法忍受这种状况。

于是，我们便会在其他孩子的身上看到，他们全都产生了一种自卑情结，并且都在朝着一种自大情结而努力。只要他们不是只关注自己，同时也关注别人，那么他们就会令人满意地解决自己的人生问题。不过，倘若内心的自卑情结非常突出，那么他们就会发现，自己好像是生活在一个敌对国家里面似的。他们始终都在设法寻求自身的利益，而不是为别人谋求利益，因此他们都缺乏公共意识。在对待人生当中的社会问题时，他们都会觉得社交无益于解决这些问题。因此，在寻求解脱的过程中，他们便转向了人生当中无益的一面。我们都明白这种做法其实并不是解脱。不去解决问题，而是要别人来支持自己这种做法不过是看似解脱罢了。他们就像是乞丐，不仅要由别人来供养，而且在精神上病态地利用了自己的弱势之后，还觉得心安理得。

不论是儿童还是成年人，一旦个人觉得自己处于劣势，他们就会不再关注社会，而是努力去追求优越感，这似乎是人性的一个特点。他们都想要用这样一种方式来解决人生中的问题，那就是既获得个人优势，又不用涉及任何社会兴趣。只要一个人在努力追求优势的同时把这种优势与社会兴趣相结合，那么他就处于人生当中有益的一面，就能够做出有益的成就。而倘若缺乏社会兴趣，那么一个人就是没有做好解决人生问题的真正准备。正如我们在前文中已经指出的那样，问题儿童、精神病患者、违法犯罪者以及自杀者等都应当归入这一类。

注意，我们现在谈及的这位姑娘，就是在一种不利的环境之下长大的，并且觉得自己受到了种种限制。如果她具有社会兴趣，并且理解了我们明白的这些东西，那么她的成长可能就是另一种情况了。她一开始学的是音乐专业，想当音乐家，可由于总是想着姐姐比她更受宠爱，导致她的心中怀有一种自卑情结，使得她总是感到非常紧张，所以在学业上也存在着障碍。在她二十岁那一年，她的姐姐结婚了。于是，她也开始想要结婚，以便跟姐姐一比高下。这样，她就越陷越深，并且日益偏离了人生当中健康而有益的一面。她产生了一种想法，觉得自己是一个很坏、很邪恶的姑娘，拥有魔力能够把一个人打入地狱。

我们看得出，这种魔力其实就是一种自大情结。不过，另一方面她又牢骚不断，就像我们有时会听到富人发牢骚说自己身为富人有多么不幸一样。她不但觉得自己拥有像上帝一样、能够把人们打入地狱的能力，而且她有时还会有这样一种想法，那就是她能够也应当拯救这些人。自然，这两种说法都是很荒唐的，但通过这种虚幻的机制，她便安慰了自己，认为自己拥有一种能力强过她那位优秀的姐姐。只有用这种把戏，她才能胜过自己的姐姐。而且，她之所以抱怨自己拥有这种能力是因为她越是抱怨，她真的拥有此种能力这一点就显得越是可信。倘若对此一笑而过，那么自己拥有这种魔力的说法就会受到别人的质疑。只有通过抱怨，她才能对自己的命运感到满意。在这里，我们会看出，一种自大情结有的时候是如何能够深藏不露，被人们认为并不存在的。可实际上，这种自大情结却是存在的，并且是对自卑情结的一种补偿。

现在，我们该来谈一谈她的姐姐了。这位姐姐很招人宠爱，因为她曾经是家中的独女兼掌上明珠，很受父母溺爱，也是家人关注的焦点。三年之后，家里又添了一个小妹妹，这个事实，彻底改变了大女儿的整个处境。以前，家里一直都只有她一个孩子，她也是父母关注的中心。可如今，她被赶下了这一位置。结果，她便变成了一个争强好斗的孩子。不过，只是在身边有弱势同伴的情况下，她才能与之争斗。一个争强好斗的孩子并不是真的勇敢，因为这种孩子只会跟不如自己的人争斗。假如身边的人都很强势，那么一个孩子就不会变得争强好斗，而是会变得暴躁易怒，或者郁闷沮丧，并且很可能会因为这个原因而在家中不那么受到重视了。

在这种情况下，姐姐便觉得自己不再像以前那样受父母疼爱了，并且认为父母态度改变的种种表现都证实了自己的这种观点。她认为母亲在这一点上最应该感到内疚，因为正是母亲把妹妹带到家里来的。因此，她把矛头全都对准了母亲，这一点我们很容易理解。

另一方面，这个新生的小妹必须像所有婴儿那样得到照看、关注和宠爱，因此会处于一种有利的地位。所以，妹妹根本就无须努力，无须去争斗。妹妹变成了一个非常甜美、非常温柔而且非常令人喜爱的孩子，成了整个家庭关注的中心。有的时候，她依靠听话这种形式的优势也可以获胜呢！

现在，我们不妨来研究一下，看一看这种甜美、温柔和厚道是否位于人生当中有益的一面。我们可能会预先推测说，她之所以如此温驯和听话，只是因为她受到了父母的宠爱。不过，我们的文化对那些受到溺爱的孩子却并无好感。有的时候，孩子的父亲意识到了这一点，便会想要结束这种状况。有的时候，学校也会进行干预。这种儿童的处境总是岌岌可危。也正是出于这个原因，受到溺爱的孩子才会觉得自卑。只要这种受到娇惯的儿童位于有利处境之中，我们就不会在他们身上看出此种自卑感。可一旦处境变得不利，我们就会看到，这种儿童要么会出问题变得抑郁沮丧起来，要么就会形成一种自大情结。

自大情结与自卑情结在有一点上是一致的，那就是二者始终都无益于人生。我们永远都不可能看到一个狂妄傲慢、粗鲁无礼的孩子或者一个具有自大情结的孩子会过着一种有益的人生。

这些娇惯坏了的儿童上学之后，他们的处境便不再那么有利了。我们会看到，从那个时候起，他们便会采取一种犹豫不决的人生态度，并且永远都不会有所成就了。我们一开始说到的那位妹妹，情况正是如此。她开始学习缝纫、弹钢琴等等，可不久之后，她便中途放弃了。

　　与此同时，她对整个社会也丧失了兴趣，不再喜欢外出，并且心情变得抑郁沮丧起来。她觉得，姐姐那些更加讨人喜欢的性格特点完全令她相形见绌。她那种犹豫疑虑的态度，使得她变得更加脆弱，并且让她的性格也日益变坏了。

　　在后来的生活当中，她在职业问题上也犹豫不决，因此从来都没有做出过什么成就。尽管渴望着与姐姐一较高下，但她在爱情和婚姻方面也心存犹疑。年过三十之后，她开始四处寻觅，找到了一个患有肺结核的男子。自然，我们不难看出，她的父母肯定会反对她的选择。在这种情况下，她根本无须主动停止行动，因为父母阻止了她的这种行动，而这桩婚事最终也告吹了。一年之后，她嫁给了一位比她大了三十五岁的男子。注意，由于人们如今不再把这种年纪的男子看成是一个真正的"男人"，因此这桩其实不是婚姻的婚姻看上去并没有什么用处。在选择与一个年纪比自己大得多的人结婚，或者选择一个无法与之结婚的人（比如说一个有妇之夫或者一个有夫之妇）的做法当中，我们经常能够看到一种自卑情结的表达。一旦受到阻碍，这种人身上往往就会流露出一丝怯懦的迹象来。由于这个姑娘没有在婚姻当中证明自己的优越感是合理的，所以她便找到了另一种途径，形成了一种自大情结。

　　她坚持认为，尘世间最重要的事情就是做礼拜。她必须不停地洗澡。如果有人或者有东西接触过她，她就必须再洗一遍。用这种方式，她便完全把自己孤立起来了。实际上，她的双手却无比肮脏，原因显而易见：由于不停地洗，她的皮肤变得极其粗糙，因而积聚了大量的污垢。

　　尽管这一切看上去都像是一种自卑情结，可她觉得自己才是世间唯一纯洁的人，所以总是在批评和指责别人，因为别人不像她那样热衷于洗澡。于是，她便扮演了一个像是童话剧里才有的角色。她始终都想要胜过别人，而如今，她用一种不真实的方式终于做到了这一点。她变成了世间最"洁净"的人。因此，我们便会看出，她的自卑情结已经变成了一种自大情结，并且表现得非常清楚。

在那些认为自己就是耶稣基督或者某位皇帝的自大狂症患者身上，我们也会看到同样的现象。这种人全都处于人生当中无益的一面，并且信以为真地扮演着自己的角色。这种人在生活当中都非常孤僻。倘若回顾他们的过去，我们就会发现，这种人以前十分自卑，并且采用一种毫无意义的方式产生了一种自大情结。

有一个病例，患者是一个十五岁的男孩，因为患上了妄想症而住进了精神病院。当时还是战前[1]，他却幻想奥地利国王已经死了。这原本不是事实，他却宣称，国王曾经在梦中来到他的面前，要求他率领奥地利军队去抗击敌人。可他当时还是一个年纪很小、个子矮小的男孩子。就算把报纸拿给他看，上面刊登着国王正在其城堡逗留或者开着自己的汽车外出的消息，也没法让他相信。他坚持说奥地利国王已经死了，并且曾经在一个梦里向他现过身。

当时，"个体心理学"正在努力搞清睡眠姿势对一个人的优越感或者自卑感的重要性。我们可以看出，此种信息最终可能证明大有益处。有些人睡觉时身体会呈弧形，蜷成一团，像一只刺猬，并且用被子蒙住头。这种睡姿表达出了一种自卑情结。我们能够相信这样的人勇敢无畏吗？倘若看到一个人睡觉时全身伸展得笔直，我们又能相信他在生活当中会软弱无能吗？在现实生活中，这种人既会实实在在地显得了不起，也会用一种隐喻的方式显得自己了不起，就像睡觉时的姿势一样。据观察，那些喜欢趴着睡的人既顽固执拗，又争强好斗。

我们仔细地对这个男孩进行了研究，试图找出他在清醒时的行为与他的睡姿之间的相互关联。我们发现，他睡觉的时候，喜欢把双臂交叉着放在胸前，就像拿破仑那样。我们都知道，一些画像中描绘的正

[1] 此处是指第一次世界大战（1914—1918）之前。

是拿破仑将双臂交叉着放在胸前的这种姿势。第二天，我们问这男孩道："这种姿势会让你想起哪个你认识的人来？"他回答道："我的老师。"这个结果产生了一点儿点儿干扰性，但后来有人提出，男孩的那位老师可能长得有点像拿破仑。结果表明，事实正是如此。此外，这个男孩子很爱戴自己的那位老师，并且希望将来成为一名这样的老师。不过，由于家里没钱，无法供他继续接受教育，所以家人只好让他到一家餐馆里去打工。可在餐馆里，所有顾客都因为他身材矮小而嘲弄过他。他无法忍受这种处境，希望摆脱这种羞辱感。不过，他却逃向了人生当中无益的一面。

我们都能理解这个男孩子的情况究竟是怎么一回事。一开始的时候，他怀有一种自卑情结，因为他身材矮小，并且因此而在餐馆里受到了顾客的嘲弄。不过，他始终都在追求一种优越感。他想要当一名老师，可由于受到了阻碍，没法去从事老师这种职业，所以他便采取了一种迂回的办法，走到人生当中无益的一面，从而找到了另一种优势目标。于是，他便在梦里变得高人一等了。

这样我们就会看出，优势目标既可以是无益于人生的，也可以是有益于人生的。例如，若是说一个人善良仁慈，那么这个词可能含有两种意思：它可能是指一个人非常适应社会，希望去帮助别人；它也有可能只是说明这个人想要自吹自擂。心理学家接触到的患者当中，许多人的主要目标都是自吹自擂。有这样一个病例，患者是一名男孩，在学校里的成绩不是很好。实际上，他在学校里的表现极差，经常逃学、偷东西，可他总是喜欢自夸。他之所以做出这些事情，是因为他的心中怀有一种自卑情结。他想要在某个方面做出成绩，哪怕只是在毫无意义的自负方面也行。于是，他偷了钱，然后再买花或者买其他礼物送给妓女们。有一天，他开着一辆汽车跑了很远一段路来到一个小镇上，租了一辆由六匹马拉着的马车，然后，他便驾着马车，大摇大摆地在全镇招摇过市，直到最后被警方逮捕。在他的所有行为当中，他那种行为都是为了显得自己比别人更加了不起，都是为了显得比实际的自己更加了不起。

在违法犯罪者的行为当中，我们也可以看到一种类似的性格倾向，即那种要求不费吹灰之力地获得成功的倾向，我们已经在另一种关系当中讨论过这种倾向了。不久前，纽约的各大报纸都曾报道过一则新闻，说是有名窃贼闯入了一些老师的家中与那些老师展开了一场讨论。窃贼对那些女老师说，她们不知道从事那些普通的正经职业有多困难，做一名窃贼，要比去上班轻松得多。这名窃贼已经逃避到人生当中无益的一面去了。不过，在走上这条道路的过程中，他却形成了某种自大情结。他觉得自己比那些女老师更加强大，尤其是因为他手里有武器，女老师们却没有。可是，他有没有意识到自己其实只是一个懦夫呢？我们都知道他是一个胆小鬼，因为他是一个通过转向人生当中无益的一面才逃避了自己内心那种自卑情结的人。然而，他却还自以为是一个英雄，不是一个懦夫呢。

然后有些类型的人会转向自杀，希望以此来摆脱整个世界、摆脱世间的种种困难。他们似乎都不在乎自己的性命，并且因此而觉得自己高人一等，可他们实际上都属于懦夫。我们看到，自大情结属于一个次要阶段，它是对自卑情结的一种补偿。我们必须找出其中的有机联系才行。这种联系可能看似矛盾，却正如我们已经说明的那样确实存在于人性的发展过程当中。一旦找出了这种联系，我们就既可以应对好自卑情结，又可以应对好自大情结了。

倘若不对这两种情结与正常人之间的关系说上几句，我们就不能结束对自卑与自大两种情结这个普通主题的论述。我们已经指出，每个人的内心都怀有一种自卑感。不过，自卑感并非一种病态，更准确地说，它是让我们健康而正常地努力与成长起来的一种刺激因素。只有当一个人被自己的那种无能感压倒，并且这种无能感完全不是刺激一个人去参与有益的活动，而是使得一个人变得抑郁沮丧、无法前进的时候，自卑感才会变成一种病态。注意，自大情结是一个具有自卑情结的人可能用以摆脱自身困境的方法之一。这种人会自以为胜过别人，实际情况却并非如此。这种虚假的成功会对他无法忍受的那种自卑状态进行补偿。正常的人不会形成自大情结，甚至不会怀有什么优越感。正常人会努力追求优越，跟我们每个人都怀有获得成功的抱负是一样的，不过，这种努力只要是表达在工作当中，就不会导致一个人做出种种错误的判断，而做出不正确的判断则正是精神疾病的根源。

第四章　人生风格

看一看生长在峡谷当中的一株松树，我们就会注意到它的生长方式与长在山顶上的一株松树不同。虽然属于同一树种，都是松树，可它们有两种明显不同的生存方式。处于山峰之巅时的那种方式与长在峡谷当中的方式是不同的。一棵树的生存方式，就是一棵树在一种环境当中表达出并塑造出自我的那种个体特征。在一种环境背景的映衬之下，倘若看到某种东西不同于我们所期待的情况，那么我们就认为这是一种风格，因为那样的话，我们就会意识到每棵树都有一种生存模式，而不仅仅是有一种对环境的机械反应。

对于人类而言，情况也差不多。我们会在环境提供的某些条件之下，看出生活方式来。我们的任务就是分析此种生活方式与现存环境之间的确切关系，因为人类的思维会随着环境的改变而改变。只要一个人处在有利的情况之下，我们就无法清晰地看出他的生活方式。然而，处于新情况下时，由于一个人会面临种种困难，所以他的生活方式便会清晰而突出地暴露出来。一名训练有素的心理学家，即便是在一个人处于有利境况的时候也能够明了他的生活方式。可若是将这个人置于不利或者困难的处境当中，他的生活方式就会对一般人表露无遗。

注意，生存并非只是一种游戏，其中不乏的就是困难。人生当中始终都存在着诸多的困难。正是在研究对象面临这些困难的时候，我们才必须对他进行研究，才必须去查明他的不同行为，以及他那些典型而具有区别性的标志。正如我们在前文所述的那样，生活方式是一个统一体，因为它是从童年的种种困难当中产生出来的，是从对一个目标的努力追求中产生出来的。

不过，我们对于一个人过去的经历的关注程度却没有对一个人未来的关注程度那么大。要想理解一个人的未来，我们就必须理解他的生活方式。即便是理解了诸如本能、刺激因素、动机等方面，我们也无法预测出一个人未来必然会是个什么样子。

一些心理学家的确试图通过注意到某些本能、印象或者心理创伤，来得出结论。可细究起来我们就会发现，所有这些因素都预先假设出了一种始终一致的生活方式。这样的话，不管是什么刺激因素，都只能起到保留和固定一种生活方式的作用。

生活方式这一观念又是如何与我们在前文各章中论述的内容密切地联系在一起的呢？我们已经看到，那些具有生理缺陷的人都因为面对着种种困难，并且感到不安全而深受一种自卑感或者一种自卑情结的折磨。可是，由于人类无法长久忍受这种状态，因此正如我们已经看到的那样，这种自卑感便会刺激人们采取行为，这样，就会导致一个人具有了一个目标。注意，"个体心理学"早已把针对这一目标的那种持久一致的运动称为"人生计划"了。不过，由于这个术语会时不时地导致研究人员产生误解，因此我们如今才称之为"生活方式"。

由于每个人都有一种生活方式，因此有的时候，我们只需与之交谈、让他回答问题，就能以此为基础预测出他的未来。这就好比是在看一场戏的结局似的，此时一切未解之谜都不复存在了。我们之所以能够用这种方式进行预测，是因为我们熟知人生的各个阶段面临的种种困难与问题。因此，我们根据经验和了解到的少量事实就能预测出，那些总是与别人不合群、那些正在寻求别人的支持、那些正在受到溺爱，以及那些面对某些情况总是犹豫不决的儿童，他们在将来会是个什么样子。倘若一个人的目标是获得别人的支持，那么这个人的未来会怎样呢？因为犹豫不决，所以这种人会停止前进，或者逃避解决人生当中的问题。我们知道这种人会怎样犹豫不决、止步不前或者逃避，因为我们已经无数次地看到过同样的情况了。我们都清楚，这种人不愿独自前行，而是想要别人去宠爱他。他希望远离那些严肃重大的人生问题，因此会让自己一心扑在那些无益的事情上，而不是努力去做有益的事情。这种人缺乏社会兴趣，结果可能发展成为一个问题儿童、一个精神病患者、一个犯罪分子或者自杀者。自杀，就是一种终极逃避。我们对这一切的了解，如今都要比过去更加深入了。

例如，我们认识到在探究一个人的生活方式时，我们可以把一种标准的生活方式当成衡量其他生活方式的尺度。

我们可以把那种适应社会的人看成一种尺度，从而可以对种种不同于正常状态的生活方式加以衡量。

在这里，说明我们如何确定这种标准的生活方式，以及我们如何在这一基础上去理解种种错误与独特性可能会有所裨益。不过在讨论这一点之前，我们还必须指出：在此种研究当中我们并不会考虑人的类型。之所以不考虑人的类型，是因为每一个人都有自己独特的生活方式。正如一个人不可能发现同一棵树上有两片树叶绝对相同一样，所以世间也不可能有两个人是完全相同的。大自然丰富多彩，出现各种刺激因素、本能与错误的可能性数不胜数，两个人是不可能变得完全一样的。因此，就算我们谈到了类型，也只是把它当成一种知识性的工具，目的是让个人之间的相似性变得较易理解罢了。如果假定一种知识性的分类是一种类型，并且去研究其具体特征的话，那么我们就能做出更好的判断了。然而，在这样做的过程中，我们并没有承诺永远都使用同一种分类方法。我们所用的分类方法，能够最有效地显示出一种特殊的相似性。那些严肃死板地对待类型与分类方法的人，一旦把某个人归入某一类之后，就不知道这个人如何能够再归入其他类别了。

举个例子，就能清楚地说明我们的观点。比如，当我们说有一类人并不适应社会时，我们指的是那种毫无社会兴趣地过着一种单调无益之生活的人。这是对个体的一种分类方法，可能也是最重要的一种分类方法。不过，我们不妨再来考虑一下另一种人：这种人的兴趣无论多么有限，全都集中在可见之物上。这种人，与那些把兴趣主要集中在口头事物上的人完全不同，但二者可能都不适应社会，并且都发现自己难以与同胞进行交流。因此，倘若没有认识到这种分类只是为了方便而采用的抽象化方法，那么这种分类方法可能就会变成让我们感到困惑的根源了。

现在，我们不妨回来看一看正常人，因为这种人正是我们用以衡量其他不同类型的人的标准。所谓的正常人就是指一个生活在社会当中，并且不管他希不希望，其生活方式都适合于社会，从而使得整个社会都能从他的工作当中获取某种益处的人。而且，从心理学的角度来看，这种人都拥有充足的精力和勇气来面对前进道路上出现的种种问题与困难。精力充沛与勇敢这两种品质正是精神病患者身上所缺乏的：精神病人既不能适应社会，也不能在心理上进行调整以适应生活当中的日常任务。我们可以用一个人的情况为例来进行说明：这是一位三十岁的男子，他总是在最后一刻逃避解决自身面临的问题。他有一个朋友，但他却对这位朋友怀有很重的疑心。结果，两人之间的友谊没有顺利地发展下去。在这种情况下，友谊是不可能继续发展的，因为另一方会感受到这种关系当中的紧张气氛。我们不难看出，尽管这个人的确与许多人都有着泛泛之交，可他实际上没有什么朋友。他既没有对事物充满兴趣，也不具有社会适应性，从而不可能交到朋友。事实上，他并不喜欢社交，并且在与人相处时总是沉默不语。他解释自己这样做的理由就是在与人相处的时候，他心里始终都没有什么想法，因此也没有什么可说的。

此外，这名男子非常腼腆。他的皮肤很白，而在他说话的时候，脸上明显会一阵一阵地发红。若是能够克服这种腼腆，他在说话的时候其实会讲得很好。他真正需要的不是批评，而是在这个方面得到我们的帮助。自然，处在这种状态中的时候，他给人留下的印象都不是很好，因此邻居们都不太喜欢他。他感觉出了这一点，结果就越发不喜欢当众讲话了。我们可以说，他的生活方式就是如此：就算在社交活动中去接触别人，他也只是要求大家都去关注他自己。

除了社交生活和与朋友的相处之道，接下来就是职业的问题了。我们的这位病人总是担心自己在工作中会失败，因此日夜不停地学习。他劳累过度也让自己变得过度紧张。由于过度紧张，他便干脆让自己逃避不去解决职业问题。

倘若对比一下这位患者对待自己人生当中第一个与第二个问题时的态度，我们就会看出，他始终都处在一种严重的紧张状态当中。这是一种标志，说明他的心里怀有一种严重的自卑感。他低估了自身的能力，认为别人和新的情况都是对他不怀好意的。他的一举一动都好像是生活在一个敌对国家里似的。

现在，我们就有了充足的信息，可以描绘出这个人的生活方式了。我们看得出，他虽然想要继续前进，但与此同时，由于害怕失败，他也受到了阻碍。这就好比是，他站在一道深渊之前，全身绷得紧紧的，总是处于紧张状态似的。虽说他也想方设法继续前进，但只会酌情前行，因为他更愿意待在家里，而不去与别人交往。

这位男子面临的第三个问题，就是爱情问题。对于这个问题，绝大多数人并没有什么充分的心理准备。他不愿与异性接触。他发现，虽然自己想要恋爱、结婚，但由于怀有一种严重的自卑感，因此他太过害怕，根本不敢去面对恋爱和结婚。他做不到自己想去做的一切，因此我们看得出，他的所有行为与态度都可以总结成一句话："是的……可是……"我们会看到，他爱上了一个姑娘，接下来又爱上了另一位姑娘。这自然是精神病患者经常出现的一种情况，因为从某种意义上来说，两位姑娘都抵不上一位。这一事实，有的时候就说明了人们具有多配偶倾向的原因。

现在，我们不妨来说一说形成这种生活方式的原因。"个体心理学"所强调的就是分析一种生活方式的成因。这名男子，在出生后四五年的时间里便形成了自身的生活方式。当时发生了某种不幸之事塑造了他的性格。因此，我们必须去寻找这一不幸事件。我们看得出，某件事情已经让他丧失了对别人的正常兴趣，并且给他留下了这样一种印象：生活完全就是一个大难题，因此，与总是会面临艰难处境相比，最好是全然不要继续前行。于是，他便变得谨慎小心、犹疑不定，变成了一个寻求逃避之道的人。

我们必须指出一个事实，那就是他是家里的长子。在前文中，我们已经论述过这一位置的重要性。我们已经说明，家中长子的主要问题源自于这样一个事实：长子原本在好几年里都是家人关注的中心，最终却被人取代，非但地位不保，另一个孩子还更受父母偏爱。在患者都很腼腆、不敢勇往直前的诸多病例中，我们都会看到，他们这样做的原因就在于另一个人受到了偏爱。因此，在这个病例中，我们就不难看出问题的症结所在。

在许多的病例中，我们只需问患者一个问题：您是家中第一个孩子呢，还是第二个、第三个孩子？这样，我们就会获得所需的一切信息。我们也可以运用一种完全不同的方法，可以询问病人以前的记忆。对于这一点，我们将在下一章中进行详细的论述。这种方法很有意义，因为这些记忆，或者说最初的情况，正是确立早期生活方式（我们称之为"原型"）过程中的一个组成部分。听一个人讲述儿时记忆的时候，我们看到的正是原型当中实实在在的一个组成部分。回顾过往的时候，每个人都能回想起某些重要的事情来。而事实上，牢牢地留在记忆里面的东西往往是最重要的东西。有一些心理学流派却是根据一种相反的假设发展起来的。这些流派认为，最重要的问题是一个人忘掉了什么。不过这两种观点之间其实并不存在什么重大的差异。或许，一个人能够把自己意识当中记得的往事告诉我们，可他自己并不明白，这些往事是什么意思。他并没有看出这些往事与自己行为之间的关联性。因此，无论我们强调的是有意识记忆那种隐藏着或者被人遗忘了的重要性，还是强调遗忘之记忆的重要性结果都是相同的。

只要稍微说出一点儿旧时记忆就会产生极大的启发性。比如，一名男子可能会对你们说，小的时候，妈妈曾经带他和弟弟到市场上去，这就够了。据此，我们就可以看出他的生活方式来。他描述了自己，还说到了一个弟弟。因此我们就会看出，有个弟弟这方面必定对他非常重要。进一步引导之后，你们可能就会看到一种情况，跟这名男子回忆到的那天后来开始下雨了的情况相类似。母亲把他抱起来，可当她看到这名男子的弟弟后，她又把大儿子放下，转而抱起了小儿子。这样一来，我们就能描述出他的生活方式了。他的心中始终都在想另一个人将会受到母亲的偏爱。因此，我们就能理解，他之所以在社交场合里说不出话来，原因就在于，他始终都在四处张望，看是不是有别的人不会得到大家的偏爱。他在友谊方面的情况同样如此。他始终都认为，自己的朋友会更喜欢另一个人，结果，他没有交到一个真心朋友。他总是疑心重重，留意着那些会对友谊产生干扰的琐碎之事。

我们还可以看出，他经历的那桩不幸事件如何阻碍到了他对社会兴趣的培养。他记得母亲抱起了弟弟，因此我们会看出，他觉得母亲对这个弟弟的关注要比对他的多。他认为弟弟比他更受母亲偏爱，因此他始终都在寻找证据来证明他的这种想法。他完全相信自己的想法没错，因此总是处于压力之下，即在别人受到偏爱之时，总是深陷于努力做出成绩来的那种巨大困境当中。

注意，对于这样一个疑虑重重的人而言，唯一的解决办法就是完全与世隔离，以便自己根本不必与别人去展开竞争，让自己变成整个世间唯一的一个人。有时候，在这种孩子的想象中的确会出现整个世界全都毁灭，只剩下他一个人，因此没有其他人能够再受偏爱的情景。我们看得出，这种儿童会千方百计地利用一切可能性来拯救自己。不过，他遵循的并非是逻辑、常识或者事实等原则，而是怀疑的原则。这种儿童生活在一个有局限性的世界中，并且怀有一种逃避的个人心态。这种儿童与别人完全没有交流，对别人也完全没有兴趣。但是，责任并不能归咎到孩子身上，因为我们都知道，这种孩子在心理上的确并不正常。

我们的使命就是给这样的人带来一个具有良好适应性的人所必需的那种社会兴趣。我们又该怎样去做呢？对于在这个方面已经习以为常的人来说，最大的困难就在于他们都过度紧张，并且始终都在寻找证据去印证他们种种根深蒂固的观点。因此，除非我们用某种办法去深入探究他们的人格，并且所用方式会消除掉他们的先入之见，否则的话我们就不可能改变他们的观念。要想做到这一点，我们必须利用某种技巧，必须具有某种策略才行，并且，指导者最好与患者没有密切的关系，对患者也没有什么兴趣。因为若是对病情怀有直接的兴趣，我们就会发现，我们是为了自己的利益而不是为了患者的利益才那样去做的。患者必然会注意到这一点，从而变得疑虑起来。

重要的一点，就是减轻患者的自卑感。自卑感是不可能彻底消除的，并且我们事实上也不希望彻底将其消除，因为自卑感可以成为有益于我们成长的一种基础。我们必须做到的就是改变患者的目标。我们已经看到，患者的目标一直都是一种逃避，原因则仅仅在于有人受到了偏爱。因此，我们必须围绕其思想的此种复杂性来努力。我们必须通过向患者表明他其实是低估了自己的能力，从而减轻患者的自卑感。我们可以向患者说明其行为举止当中存在的问题方法，并且向患者解释清楚其产生过度紧张、仿佛站在一条深渊之前或者仿佛生活在一个敌对国家、始终都身陷危险似的那种倾向的原因。我们可以向患者表明他担心别人可能会受到偏爱的心理是如何阻碍到了他尽最大的努力去工作，以及如何阻碍到了别人自发地对他留下最佳印象的。

假如这种人能够扮演一个东道主的角色，举办一场社交聚会让朋友们都玩得尽兴，与朋友们友好相处，并且顾及朋友们的利益，那么这种人就会获得巨大的进步。不过，在普通的社交生活当中，我们却会看到，这种人自己都过得不开心，既没有什么想法，还会因此说："一群笨蛋，他们不能欣赏我，也没法引起我的兴趣。"

这种人的问题就在于他们都因为自己的那种小聪明和缺乏常识而不了解情况。我们已经指出，这就好比是他们始终都面对着敌人，并且过着一种孤狼式的生活似的。从人类的现状来看，这种生活就是一种不幸的异常状况。

现在我们不妨来看一看另一个具体的病例，即一名患有抑郁症的男子的情况。抑郁症是一种非常普遍的疾病，但可以治愈。这种疾病在人很小的时候就可以被辨认出来。事实上，我们注意到许多儿童在面临一种新处境时，身上都呈现出了患有抑郁症的迹象。我们所说的这位抑郁症患者病情大概发作了十次。而且，他往往都是在走上新的工作岗位时发作。只要是留在原来的工作岗位上，他差不多就是一个正常人。不过，他不想出门去社交，但同时又想左右别人，结果，他没有一个朋友，年过五十了也仍未结婚。

为了研究他的生活方式，我们不妨来看一看他的童年。小时候，他一直非常敏感，并且喜欢争吵，总是强调自己的痛苦与弱小，以此来左右自己的哥哥姐姐们。有一天，孩子们都在躺椅上玩的时候，他把哥哥姐姐们全都推了下去。待姑姑责备他不该那样做的时候，他竟然如此回答道："您责骂了我，所以现在我的生活全都毁了！"那时，他还只有四五岁呢。

这就是他的生活方式：总是想要左右别人，总是在抱怨自己弱小、抱怨自己如何痛苦。这种性格特点，导致他在后来的人生当中患上了抑郁症。从本质上来看，抑郁症其实完全就是脆弱的一种表达。每一位抑郁症患者几乎都会说同样的话："我的整个生活都毁了。我已经失去了一切。"通常来说，这种人以前都受到过溺爱，可后来不再受宠，而这一点影响到了他们的生活方式。

人类在对所处境况做出反应时，与各种动物的反应是十分相似的。一只野兔在对同一种情况做出的反应与一只狼或者一只老虎的反应是不同的。人类当中的每一个人也是如此。人们曾经做过一个实验，把三个性格类型不同的男孩子带到一只狮笼前面，看他们第一次看到狮子这种可怕动物的时候会有什么样的表现。第一个男孩扭头就走，说："咱们回家去吧。"第二个男孩子说道："狮子太可爱了！"虽然想表现得很勇敢，他说这话的时候浑身却在颤抖，他是一个胆怯的人。第三个男孩则说："我可以啐它一口吗？"在这里，我们就看到了三种不同的反应，即对同一种情况的三种不同的体验方式。我们还会看出，绝大多数人的身上都具有一种害怕的性格倾向。

倘若在社交场合表达出来这种胆怯，就成了不适应社会最常见的原因之一。有一位出身名门的男子，他从来都不愿意去努力，始终都希望由别人来养活。他总是显得很脆弱，因此自然不可能找到工作。后来，由于家境日渐败落，兄弟们便把矛头都对准他，说："你太笨了，连工作都找不到。你什么都不懂。"于是，这名男子便开始酗酒。几个月之后，他便变成了一个大家公认的酒鬼被送到精神病院里去住了两年。住院治疗虽然对他有所帮助，但并未给他带来永久的益处，因为他又在毫无准备的情况下，不得不置身于社会当中了。他找不到工作，尽管是一个显赫家族里的子弟，他也只能干苦力。不久，他便开始产生幻觉了。他总觉得有一个人似乎想要戏弄他，因而什么工作也干不了。起初，他是因为酗酒而无法工作，而到了后来，他就是因为有幻觉而无法工作了。这样我们就会看出，正确的治疗方法并非仅仅是让一名酒鬼不再喝酒、保持清醒，我们必须找出酒鬼的生活方式，并且加以纠正才行。

经过调查研究我们发现，这位男子以前本是家里一个被娇惯坏了的孩子，总是希望有别人去帮他。他完全没有做好独自努力的准备，而我们也看到了最终的后果。我们必须让所有的儿童都能够独立自主起来，这一点，只有通过让他们认识到自身生活方式当中的种种错误，我们才能做到。这个孩子原本应当接受锻炼，独立自主地去做事，那样的话，在兄弟姐妹的面前他就不会感到羞愧了。

第五章　早期记忆

　　分析了一个人生活方式的重要性之后，现在我们不妨转到往事回忆这个主题上来。或许，回忆就是我们理解一种生活方式的最佳途径。与其他办法相比，通过回想儿时的记忆我们都能够更好地揭开蒙在原型（即生活方式的核心）之上的那层面纱。

　　假如我们想要查明一个人的生活方式，而不管这个人是儿童还是成年人，那么，在听到了这个人的一些诉说之语后，我们就应该要求他回忆一下自己的往事，然后将这些回忆与他给出的其他事实进行比较。在大多数情况下，生活方式是不会改变的。同一个人始终都保持着同一种个性，始终都是一个相同的统一体。我们已经指出，生活方式是在努力追求一种特定优势目标的过程中逐步形成的，因此一个人的每一句话、每一种行为和每一种感觉，都应被看作是这个人整条"行动线"上的一个有机组成部分。注意，在某些点上这条"行动线"会表达得更加清晰。这种情况在一个人的回忆里尤以为甚。

　　然而，我们不该把旧时回忆与新近回忆区分得太过鲜明，因为在新近回忆当中，也会含有这条"行动线"。一开始就找出这条作用线比较容易，也更具启发意义，因为那样的话，我们就会发现一个人的生活基调，从而能够理解为什么一个人的生活方式不会真正改变。在四五岁时就已形成的生活方式当中，我们会看到过去的记忆与现在的行为之间的联系。所以，在多次进行这种观察研究之后，我们就能坚持这样一种理论了：在这些往事回忆当中，我们始终都能找出患者原型中一个真正的组成部分。

在一位患者回顾自己过去经历的时候，我们能够肯定地说，浮现在患者记忆当中的所有东西都是在情感上令患者感兴趣的东西，因此，我们就会找出与患者人格有关的一种线索来。遗忘的经历对一个人的生活方式、对一个人的原型也很重要，这一点不容否认。但是，要找出患者遗忘的往事，或者说找出患者所谓的潜意识记忆往往比较困难。有意识记忆与潜意识记忆有一个共同的特点，那就是它们都指向同一个优势目标。二者都是完整原型中的组成部分。因此，在做得到的情况下，既找出有意识记忆，又找出潜意识记忆是很有益处的。从最终结果来看，有意识记忆与潜意识记忆具有差不多同等的重要性，而个人本身通常对二者中的哪个方面都不理解。只有局外人才能理解和阐释清楚这两种记忆。

我们不妨先从有意识记忆开始。有些人在问到旧时记忆的时候，会这样回答："我什么都不记得了。"我们必须要求这种人集中自己的注意力，努力去回想。做出一定的努力之后，我们就会发现，他们一般都能记起某种东西来。不过，我们可以把患者的这种犹豫态度看成是一种迹象，说明他们不希望深入回顾自己的童年。这样，我们就可以断定他们的童年并不快乐。我们必须对这种人加以引导，给他们提示，以便找出我们想要的东西来，最终，他们往往都能回想起某些事情来。

有些人宣称连自己一岁时发生的事情他们都记得。这种情况几乎是不可能的，而真相很可能就是这些事情都是他们想象出来的记忆，而不是真实的往事。但是，无论它们是想象出来的，还是真实的往事，其实都不要紧，因为它们都是一个人人格的组成部分。有些人坚称他们不确定究竟是自己记得某件事情，还是说这件事情是父母告诉他们的。这一点其实也不重要，因为即便是父母真的跟他们说过，他们也已经把这件事情牢记在心，这有助于向我们表明什么东西才是他们的兴趣所在。

正如我们在上一章中解释过的那样，将个人分成不同类别会便于我们达到某些目的。注意，旧时往事也可以分门别类，以便表明对于某种特定类型的人会做出什么样的行为，我们应当抱有什么样的期待。例如，我们不妨以这样一个人为例，他记得自己看到过一棵奇妙的圣诞树，上面布满了彩灯、礼物和节目蛋糕。在这样一种记忆当中，最有意思的东西是什么呢？那就是"他看到过"这一点。他为什么会告诉我们说他看到了呢？因为他始终都对可见之物感兴趣。他曾经与视力方面的一些困难做过斗争，并且得到了训练。他始终都只对"看到"感兴趣，也只关注"看到"这个方面。或许，这一点并不是他的生活方式当中最重要的因素，却仍是其中一个很有意思、很重要的组成部分。这就说明如果要给他一份工作的话，那么我们就该给他一份能够让他运用视觉的工作。

在学校对孩子进行教育的过程中，人们经常忽视了这个类型原则。我们可能会发现，一名关注视觉的儿童不会去听讲，因为他始终都想要观察某种东西。在处理这种儿童的情况时，我们应当有耐心，尽力教他去听。许多儿童在上学时只会接受一个方面的教育，因为他们只喜欢一种感官。他们可能只擅长于聆听，或者只是擅长观察。有些儿童却总是喜欢不停地活动。对于这三种类型的儿童，我们可不能指望他们会有相同的成绩。而要是教师偏爱一种教学方法，比如说偏爱那种对擅长聆听的儿童有利的方法，情况则尤为如此。倘若老师用的是这样一种教学方法，那么，擅长观察和擅长动手的儿童就会处于不利地位，而他们的成长也会受到阻碍。

我们可以看一看一位年轻人的情况。这位年轻人二十四岁，患有眩晕症。被问到记忆的时候，他回忆说，四岁那一年，听到一台火车机车鸣笛之后，他就眩晕过。换言之，他是一个擅长听的人，因此关注的是听到的事物。在此，我们无须解释这位年轻人后来是如何患上眩晕症的，只需注意到他从小对声音非常敏感这一点就足矣。他精通音乐，因为他无法忍受噪声、不和谐与刺耳的音调。因此，汽笛的声音让他受到如此巨大的影响我们就不感到奇怪了。儿童或成年人往往都有特别关注的东西，因为他们曾经都深受其害。读者应该都还记得我们在前面提到的那个患有哮喘症的男子的情况。他在小时候曾经因为某种问题而使得肺部功能严重受限，结果便对呼吸方式产生了一种异乎寻常的兴趣。

我们还会碰到一些人，他们把全部兴趣似乎都放在吃的东西上面了。他们的早期记忆都与吃东西有关。对于他们来说，吃东西似乎是整个世间最重要的一件事情，包括如何吃、吃什么以及不能吃什么。我们经常会发现小时候那些与吃东西有关的困难会让这种人更加重视自己的进食。

现在我们不妨来看一看一种与运动和走路相关的回忆的情况。我们看到过许多儿童由于刚一出生便身体孱弱或者患有佝偻病，因而无法正常运动。于是他们便会变得异常关注运动，并且总是希望自己的行动能快点。下面这个例子就说明了这一事实。有一位年过五十的男士去看医生，对医生诉说，他陪同另一个人一起过马路时，他总感到异常恐惧，害怕两个人都被车子撞上。可独自一人过马路的时候，他从来都没有产生过此种恐惧心理，并且事实上他过马路的时候总是非常镇定。在与别人一起过马路的时候，他总是想去挽救这个人的生命。因此，他会紧紧抓住同伴的胳膊，推着同伴时而向右、时而向左，常常搞得同伴很生气。尽管并不常见，但我们偶尔还是会碰到这样的人。我们不妨来分析一下他做出此种愚蠢行为的原因。

在问到昔日往事时，他解释说，到了三岁的时候，他还无法正常走路，并且患有佝偻病。他曾经在过马路的时候，两次被汽车撞倒。如今他已经成人，证明自己已经克服了这一弱点对他来说就非常重要了。可以说，他想表明自己才是唯一一个能够过马路的人。不管什么时候，只要有人陪同，他就始终都在寻找机会来证明这一点。当然，能够安全地横过街道，既不是绝大多数人都会引以为傲的一件事情，也不是绝大多数人会用来与别人一较高下的一件事。不过，对于上述患者来说，渴望行动自如并且炫耀自己能够行动自如的心态，可能却是相当真实的呢。

现在我们再来看看另一个例子，即一名曾经走上犯罪道路的男孩子的情况。他偷东西、逃学等使得父母最终对他深感绝望、无计可施了。他的早期记忆，涉及的都是他如何总是想要到处走动、如何想要行动迅速起来的情况。此时，他与父亲一起工作，却整天坐着不动。在医生根据病情的性质制定出来的治疗方案中，部分内容就是让他去当销售员，即到他父亲开的那家企业去当旅行推销员。

旧时记忆当中，最重要的一种就是对儿童时期某人去世一事的记忆。看到一个人突然死去之后，儿童心中受到的那种冲击是非常显著的。有的时候，目睹了这种事情的儿童会患上精神疾病。有的时候，虽然没有得上精神疾病，可他们会毕生致力于对死亡这个问题的研究，并且往往会以某种形式一直与疾病和死亡做斗争。我们可以看到，许多这样的儿童在日后的人生当中都对医学感兴趣，因此可能会成为医生或者药剂师。这样一种目标，自然是有益于人生的。他们不但会与死亡做斗争，还会帮助别人这样去做。然而，有的时候，这种儿童的原型会形成一种以自我为中心的态度。有一名儿童因为姐姐去世而受到了极大的打击，我们问他长大后想干什么。我们料想他可能会回答说想当一名医生。可与此相反，他却回答说："当一个掘墓工。"我们又问他，为什么想要从事这样一种职业，他回答道："因为我想做埋葬别人的人，而不是被别人埋葬的人。"我们可以看出，这种目标就是无益于人生的，因为这个孩子关注的只是自己。

有的时候，人们对某个方面的关注表现得比其他方面都要明显。比如，一名儿童可能会说："有一天，我必须照看妹妹，我想把她保护得万无一失。我把她抱到桌子边上，却钩住了桌布，所以我妹妹跌了一跤。"这个孩子，当时才四岁。这个年纪当然太小，不能让这样年纪的孩子去照看更小的妹妹。我们可以看出，在年纪较大的孩子的人生当中，这是多么不幸的一件事情，因为她本来是在竭尽全力地保护自己的妹妹。这个姐姐长大之后，嫁给了一个我们几乎可以说是有点儿百依百顺的丈夫。可她总是猜忌丈夫，对丈夫吹毛求疵，始终都担心丈夫日后会更喜欢别人。她的丈夫为何会厌烦她，并把自己的兴趣全都转向孩子，我们就不难理解了。

有的时候，紧张心态会表达得更加明显，因此人们会记得他们曾经真的想要去伤害其他的家人，事实上还想要杀死其他的家人。这种人就是那些完全只关心自己的人。他们都不喜欢别人。他们都觉得自己与别人是某种竞争对手。这种感受早已存在于他们的原型当中。

在这里，我们再来说一说那种从来都做不成任何事情的人。因为这种人担心在友谊关系或同事关系当中，有人会比他们更招人喜欢，或者是疑心重，总怀疑别人想要超过他们。由于怀有别人可能胜过他们并且比他们更招人喜欢的心态，因此这种人永远都不可能真正成为社会的一分子。从事每一种职业的时候，这种人都感到极其紧张。这种态度在跟爱情与婚姻相关的那些方面尤为突出。

就算无法彻底治愈这种人，我们也可以在研究旧时回忆的过程中运用某种技巧来确保他们的情况有所改善。

我们运用这些疗法治疗过一位患者，他就是我们在另一章中描述过有一天跟他的母亲与弟弟一起到市场上去的那个男孩。下起雨来之后，母亲先是把他抱起来，但看到他的弟弟之后，母亲又把他放下，转而抱起了弟弟。从此以后，他便觉得母亲偏爱弟弟了。

如果能够获得这样一种回忆，那么正如我们已经论述过的那样，我们就可以预料出患者在日后生活当中的情况了。然而，我们必须记住，昔日的回忆并不是原因，它们只是一种提示。它们都是迹象，表明过去发生了什么事情，以及儿童是如何成长起来的。它们说明了一种朝着目标前进的运动，以及在此过程中必须克服哪些障碍。它们说明了一个人是如何变得更关注人生的某一方面，而不那么关注其他方面的。我们看到，一个人可能会有我们所称的心理创伤，比如说，在性观念方面受到过心理创伤，也就是说，他可能会更关注这些问题，而不那么关注其他的问题。倘若在我们问及昔日回忆的时候，听到患者述说他们在性方面的一些经历，那么我们也不必感到惊讶。有些人在很小的时候就对性特征更加感兴趣。对性问题感兴趣本是人类常见行为的组成部分，不过，正如我在前文中已经说过的那样，人们对这个问题的关注种类与关注的程度是多种多样的。我们常常发现，倘若一个人告诉我们的是他在性方面的回忆，那么日后他就会朝着这个方向成长。随之而来的生活不会和谐，因为他过分重视了人生当中的这一面。有些人坚持认为，世间的一切都是建立在性的基础之上的。另一方面，有一些人则坚持认为，胃才是人体最重要的器官。因此，在这种病例当中，我们就会发现，旧时回忆与一个人日后的性格特征是相对应的。

现在，我们再来研究一下那些儿时受到过溺爱的人的回忆。旧时回忆非常清晰地反映出了这一类人的性格特点。有一名属于这种类型的儿童，他经常提到自己的母亲。这样做也许自然，但它也是一种迹象，说明这个儿童以前必须努力去争取一种有利于自己的地位。有的时候，旧时回忆似乎完全无关痛痒，可对它们进行分析之后，我们却会有所收获。比如，有位男士告诉你们说："我坐在自己的房间里，我的母亲则站在橱柜旁边。"这句话看似并不重要，他提到了自己的母亲却是一种迹象，说明这个方面始终都是一个令他关注的问题。有的时候，母亲在回忆中隐藏得更深，因此我们的研究也会更加复杂。我们必须推断出母亲的情况来。比如，刚刚提到的这位男士可能会对我们说："我记得我曾经出去旅行过一次。"假如问问是谁陪着他一起去的，大家就会发现是母亲陪他一起去的。或者，倘若孩子们对我们这样说："我记得有一年的夏天，我曾经到过乡下的某个地方。"那么我们也可以预料到，当时他的父亲是在城里上班，而母亲则和孩子们在一起。我们可以问清楚："是谁跟你一起去的呢？"通过这种办法，我们常常都能看出母亲那种潜在的影响来。

从研究这些回忆的过程中，我们可以看出一种努力争取优先权的心态。我们看得出，一名儿童在自身的成长过程当中，是如何开始重视母亲给予他的那种宠爱的。这一点，对于我们的理解来说十分重要，原因就在于，如果儿童或者成年人跟我们说起这种回忆，那么我们就可以肯定地说，这种人总是觉得他们身处危险当中，或者总是觉得别人会比他们更受偏爱。我们会看到，这种紧张心态会变得日益强烈、日益明显，并且我们也会看到，他们的心思显然全都放在这种想法之上。这个事实非常重要，因为它表明这种人在日后的生活当中会形成很重的猜忌心理。

有一个男孩子，他升入高中的过程始终都是一个谜。他想要不断活动，因此总是静不下心来学习。他的心里总是想着别的东西，经常光顾咖啡馆，到朋友家里去玩，可这种时候，他原本都应当在学习。因此，研究一下他的记忆就是一件很有意思的事情。他说道："我还记得自己躺在摇篮里看着墙壁的情景。我注意到墙上贴着一张画，上面有鲜花、人物等等。"这个人只打算躺在摇篮里，而不是去参加考试。他之所以无法把精力集中到学习上，是因为他的心里总在想着别的事情，想要一心二用、一箭双雕，可这一点是不可能做到的。我们可以看出，这个孩子是个备受溺爱的孩子，因而无法独立学习。

现在，我们再来看一看那种招人讨厌的儿童。这种类型的儿童很罕见，通常代表的是极端的情况。假如一名儿童刚一出生就招人讨厌，那么他是存活不下去的，这种孩子将会夭折。通常来说，儿童都有父母或者保姆来给他们一定程度的宠爱，并且满足他们的需求。我们发现，招人讨厌的儿童都属于私生子、犯罪儿童或弃儿，并且我们还经常看到，这些儿童的情绪都会变得抑郁消沉。在他们的回忆当中，我们经常会看到这种受人敌视的感觉。例如，有一名男子曾经这样诉说："我记得被打过屁股。我的母亲责骂我、批评我，最后我便离家出走了。"就在离家出走的过程中，他还差点儿溺水身亡。

这名男子是因为总是离不开家才去看心理医生的。从他的往事回忆当中我们看到，他曾经走出过家门一次，并且遇到了极大的危险。这件事情深深地印在他的记忆当中，因此后来外出的时候，他总以为又会遇到危险。他原本是个聪明的孩子，可总是担心自己在考试当中拿不了第一名。于是，他便变得犹豫不决，无法继续前进了。最终考入大学之后，他又担心自己无法按照规定的方式去跟别人展开竞争。这一切都可以追溯到他曾经陷入危险的那种记忆。

我们还可以举出另一个例子来进行说明。有一名孤儿，父母在他只有一岁左右的时候便双双去世了。他患有佝偻病，在被送到收容所里之后，他又没有得到恰当的照料。没有人关心过他，因此在后来的人生当中，他很难交到朋友和志同道合的人。回顾了他的往事之后，我们便发现，他总是觉得别人更招人喜欢。这种感受，在他的成长过程中发挥出了重要的作用。他总是觉得自己不招人喜欢，而这种感受也阻碍到了他去应对所有的问题。由于怀有一种自卑感，所以他完全被人生当中的所有问题与境况所排斥，比如爱情、婚姻、友谊、事业，因为这些境况都需要他去跟同胞进行交往。

还有一个很有意思的患者，那就是一个总是抱怨失眠的中年男子。当时他四十六岁或者四十八岁，已婚，并且有了孩子。他对每个人都挑剔得很，总是像专制君主似的统治他人，尤其是想要压制自己的家人。他的做法让大家都觉得很痛苦。

在被问到最初记忆时，他解释说，自己是在父母喜欢争吵的家庭里长大的，父母经常吵架，相互威胁，因此他既怕父亲，也怕母亲。他去上学时，身上总是脏兮兮的，也没人来管他。有一天，他的班主任不在，由另一名老师代课。这名代课的老师既热心又自信，她认为，教学是一项理想而高尚的工作。她在这个被父母照料得不好的男孩子身上看到了机会，便开始鼓励他。对于这个男孩子来说，这可是人生当中第一次受到这种对待呢。从那时起，他便开始进步，可他始终都像是有人从后面推着他前进似的。他并没有真的相信自己可以出人头地，因此他整天埋头苦读，并且学习到深夜。这样一来，他便习惯了在深夜工作，否则的话，他就完全睡不着，只得把时间都用来思考自己必须干什么的问题。结果，他便开始认为自己必须几乎整夜都醒着才能有所成就。

后来，我们又会看出，他渴望出人头地的心态在他对待家人的态度以及对待别人的做法当中表达出来了。家人都比他弱小，因此在家人面前他可以显得像是一个胜利者。他的妻子和孩子也就必然会深受此种行为的折磨了。

若是对这名男士的整个性格做出概括的话，我们就可以说他怀有一种优势目标，也正是拥有严重自卑感的人所怀有的那种优势目标。在那些过度紧张的人身上我们经常会看到这种目标。他们的紧张情绪就是一种迹象，它说明他们对自己能否获得成功心存疑虑。而反过来，他们的此种疑虑心态又被一种其实属于优越姿态的自大情结掩盖着。对人们的往事回忆进行研究，我们就会真正揭示出这种情况的本质。

第六章　态度和行为

在上一章里，我们详尽地描述了可以利用回忆与幻想来揭示一个人隐蔽的生活方式的那种方法。注意，研究回忆只是人格研究过程中一整套方法里的手段之一。这些方法全都离不开一条原则，那就是利用孤立的组成部分来阐释整体。除了回忆，我们还能观察到一个人的行为与态度。行为本身会在态度中表达出来，或者是融于态度之中，而态度又是组成我们所称"生活方式"的那种整体人生态度的一种表达。

我们不妨首先来讨论一下身体的运动。大家都清楚，我们会根据一个人的站姿、走路方式、运动方式、表达自我等的方式来评价一个人。虽然我们往往都不是有意识地进行评判，但这些印象往往会让我们产生出一种好感或者憎恶感来。

比如说，我们可以想一想站立时的姿势。我们一眼就能注意到一名儿童或者成年人是站得笔挺呢，还是站得歪歪斜斜或者弯腰驼背。我们必须特别留意那些夸张的姿势。一个人若是站得太过笔挺，姿势若是太过夸张，就会让我们产生怀疑，觉得他是太过费力地保持着这种姿势。我们可以推想这个人其实觉得自己完全没有他想要表现出来的模样那么了不起。从这样一个不起眼的方面，我们就能看出，他是怎样体现出了我们所谓的那种自大情结。他想要表现出一副更加勇敢的样子，他想要表达出更强的自我。若不是那么紧张的话，他的确会做到这一点。

另一方面，我们也会看到站姿完全与此相反的人，即那种显得弯腰驼背，总是佝偻着身子的人。这样一种姿势暗示出他们在某种程度上都属于胆怯之人。不过，我们的艺术与科学当中有一条准则，那就是我们始终都应当小心谨慎去寻找其他的方面，而绝不能只根据一个方面就做出判断。有的时候，虽然觉得自己几乎完全可以肯定，但我们还是想要用其他的方面去证实自己的判断。我们会问："我们坚持认为佝偻着身子的人往往都是胆小之徒，这种看法对不对呢？在他们身处困境的时候，我们又能料想到他们会有什么样的表现呢？"

为了看一看这个方面的另一种情形，我们会注意到，这种人往往想要靠在什么东西上，比如靠在桌子或椅子上。这就说明，这种人不相信自己的力量，而是想要获得支撑。这种人反映出来的心态与一个弯腰驼背站立的人的心态是一样的。因此，倘若看到两种类型的行为都有，那么我们的判断就在一定程度上得到了证实。

我们会发现，那些始终希望得到别人支持的儿童，他们的姿势与那些具有独立性的儿童是不同的。我们可以根据一名儿童的站姿，以及他与别人打交道的方式，判断出这名儿童的独立程度。在这种情况下，我们无须心存疑虑，因为我们有许多的机会来证实自己的结论。一旦证实了自己得出的结论，我们就可以采取措施来亡羊补牢，让孩子走上正确的道路了。

比如，我们可以用这样一名希望得到别人支持的儿童来做一个实验。让孩子的母亲坐在房间里的一把椅子上，然后让孩子进来。我们会看到，孩子不会去看房间里的其他任何一个人，而是会径直走向自己的母亲，然后靠在椅子上或者靠在母亲身上。这就证实了我们预计的那种情况，即这名儿童希望获得支持。

注意孩子进来的方式也是很有意思的一件事情。因为这种方式说明了孩子的社会兴趣与适应性，它表达出了这个孩子对别人的信任程度。我们会发现，一个不愿意接近他人、总是远离别人的人，在其他方面也会非常冷漠。我们发现这种人不会多说话，并且异常沉默。

我们可以看出，所有这些方面全都指向同一个方向，因为每个人都是一个统一体，都会这样来对人生问题做出反应。为了说明这一点，我们不妨以一位到医生这里来接受治疗的女士为例。医生原本以为她会坐到医生身边的座位上，可请她就座之后，患者却环顾四周，然后找了一个离医生很远的座位坐下了。我们只能得出结论，这是一个希望自己只与一个人产生联系的人。她说自己已经结婚成家。从这一点，我们就可以推断出她的整个经历了，我们可以推测她只希望自己与丈夫一人产生联系。我们还可以推测出，她希望受到宠爱，并且是那种要求丈夫非常准时、始终都按时回家的人。假如一个人待着，她就会感到极为焦虑不安，并且她从不希望独自走出自己的家门，也不喜欢遇到别的人。总而言之，从她的一个动作我们就可以推断出她的整个情况。不过，我们也有其他的办法来证实我们的理论。

她可能会告诉我们说："我患上了焦虑症。"除非我们明白焦虑可以被用作左右另一个人的一种武器，否则的话，就没有人会理解她说这句话的意思。如果一名儿童或者成年人患有焦虑症，那么我们就可以推断出，必定有另一个人在为这名儿童或者成年人提供支持。

曾经有一对夫妇坚持说他们都是自由思想者。这种人认为，在婚姻当中，夫妻双方都可以随心所欲，只要双方把做过的事情坦诚相告就可以了。结果，丈夫在外面有了风流韵事，并且将一切全都告诉了妻子。当时，妻子似乎觉得很满意，到了后来，她却患上了焦虑症。她无法再独自外出，丈夫必须始终陪着她才行。那么，我们就能看出，这种自由思想已经被焦虑症或者恐惧症改变了。

有的人始终都会站在房中离墙壁很近的地方，或者是靠在墙上。这是一种迹象，说明他们都不够勇敢，也不够独立。我们不妨来分析一下这样一个胆小谨慎、犹豫不决的人的原型。有一个小男孩，上学的时候显得非常腼腆。这是一种重要的标志，说明他不想与别人交往。他没有朋友，并且总是焦急地等着放学。他的行动非常迟缓，会靠着墙壁下楼梯，会看着街道路面一路匆匆跑回家去。他在学校里并不是优秀学生，事实上他的成绩还很不好，因为他在学校里并不快乐，经常哭鼻子。他总是想回家去找妈妈。他的妈妈是个寡妇，性格软弱，非常宠爱儿子。

为了更多地了解情况，医生便去家访，与他的母亲交谈。医生问她说："他愿意睡觉吗？"她回答道："愿意。""他晚上哭闹吗？""不哭闹。""他尿床吗？""不尿床。"

医生心想，要么是他自己犯了一个错误，要么就是那个男孩子犯了一个错误。接下来，他便判断出，这个小男孩晚上一定是与母亲睡一张床。他是如何得出这一结论的呢？注意，孩子在晚上哭闹是要求母亲去关注他。如果与母亲同睡一床的话，那么这个小男孩就没有必要哭闹了。同样，尿床也是要求母亲去关注他的一种标志。后来医生的结论得到了证实：这个男孩子的确是由母亲带着睡的。

假如细究一番，我们就会看出，心理学家关注的所有琐碎情况都构成了一种一以贯之的人生计划当中的组成部分。因此，倘若可以看出一个人追求的目标（对这个小男孩而言，他的目标就是始终与母亲拴在一起），那么我们就能推断出许多的情况。我们可以通过这种手段，判断出一名儿童究竟是不是智力有障碍。

现在我们不妨转向个人身上那些可以辨识出来的心理状态。有些人多多少少都喜欢争强好斗。另一方面，有些人却想破罐子破摔，想要认输。然而我们从来都不会看到一个真正认输的人。这是不可能做到的，因为这种做法超出了人性的范畴。正常人是不可能承认失败的。就算一个人看似如此，这种态度表明的其实也更是一种继续奋斗下去的心态，而不是别的。

有一种类型的儿童却始终都想要退却。这种儿童，通常都是家人关注的重心。大家都得去关心他、推着他往前走，并且规劝他。在生活中，他必须由别人来供养，因而总是其他家人的一种负担。这就是他的优势目标。他用这种方式，表达出了自己渴望控制别人的那种心态。这种优势目标，自然是由一种自卑情结导致的，我们在前文中已经说明了这一点。这种人若不是对自己的能力心存疑虑的话，就不会采取这样一种简单的方式去获取成功了。

一位十七岁的小伙子的情况就说明了这种性格特点。他是家里的长子。我们已经看到，倘若家里又降生了一个孩子，夺占了长子在家中原本属于家庭亲情重心的这一位置，那么长子通常都会经历一段不幸的时光。这个小伙子的情况正是如此。他非常沮丧、暴躁易怒，没有工作。有一天，他还试图自杀。不久后，他去看医生，并且向医生解释说，在自杀未遂之前，他曾经做过一个梦。他梦见自己开枪打死了父亲。我们可以看出，这样一个沮丧抑郁、懒散而不积极的人，其实心中始终都明白自己有付诸行动的机会。我们还会看出，所有这些在学业上很懒惰的儿童，以及所有这些懒散、似乎无力去做任何事情的成年人，可能都处于危险边缘。这种懒散通常都只是一种表面现象。接下来，倘若发生了某件事情，他们就会试图自杀，否则的话，他们就可能会患上神经病，或者是变得精神错乱了。确定这种人的精神状态有时也是一项非常困难的科研课题。

羞怯是儿童身上另一个充满了危险的方面。一名羞怯腼腆的儿童必须得到细心的对待。这种羞怯必须得到纠正，否则的话，它就会毁掉儿童的整个人生。除非纠正了羞怯的性格，否则的话，这种儿童往往会出现严重的问题，因为在我们的文化里，形势就是如此：只有勇敢无畏的人才能获得成就，并且享受勇敢带来的种种优势。假如一个人勇敢无畏，那么遭受失败之后，他也不会受到严重的伤害；可一个腼腆羞怯之人呢，一旦看到前面有困难，就会逃向人生当中无益的一面。这种儿童在日后的人生当中，就会变得神经错乱或者变成精神病人。

我们会看到，这种人走到哪里都会带着一种卑微羞怯的神色，而且，与别人相处时，他们也会结结巴巴，什么都不说，或者干脆彻底不去跟别人打交道。

我们正在描述的这些性格特点都属于心理状态的范畴。它们既不是生来就有的，也不是遗传得来的，而完全是一个人对某种情况所做的反应。一种给定的性格特点就是一个人在面对某个问题时，自身生活方式对统觉体系所做的回应。当然，这种回应并非始终都是哲学家所期待的那种符合逻辑的回应。它是一种一个人在童年经历和所犯错误的训练下给出的一种习得性回应。

我们既可以看出这些心理状态的功能，也能看出它们往往会在儿童或心理不正常的人身上逐渐形成，而在正常的成年人身上不会那么充分地体现的原因。我们已经看到，处于原型阶段的生活方式要比日后的生活方式清晰和简单得多。事实上，我们可以把原型的作用比作是一枚还没有成熟的果实，它会吸收成长过程中的一切，比如肥料、水分、食物和空气。在成长过程中，它会把所有这些东西都吸收进去。一种原型与生活方式之间的区别就像是一枚尚未成熟的果实与一枚已经熟透的果实之间的那种差别。虽然揭示和研究人类这种还没有成熟的阶段比较容易，但这一阶段所揭示出来的东西，在很大程度上来说，对成熟阶段也是有效的。

例如，我们可以看出，一名起初胆小怕事的儿童会在所有的心态当中都表达出这种胆小谨慎来。世界充满了差异，会把胆小怕事的儿童与那种咄咄逼人、争强好斗的儿童区分开来。争强好斗的儿童，往往在一定程度上比较勇敢，而这种勇敢就是我们所称的常识自然导致的结果。

然而有的时候，一个非常胆小的儿童在某种情况下，可能也会显得像是一位英雄人物。不管什么时候，只要他有意想要获得第一，就会出现此种情况。以下情况就会做出清楚的解释。有个男孩子原本不会游泳，有一天，在其他男孩的邀请下，他跟他们一起去游泳。水很深，这个不会游泳的男孩子差点儿就淹死了。这种做法自然不是真正的勇敢，而是彻底属于一种无益于人生的方面。这个男孩子，完全是因为想要获得别人的钦佩才这样去做的。他忽视了自己会陷入的那种危险，并且指望着别人会去救他。

从心理学来看，勇敢与胆小的问题与宿命论这种信仰有着紧密的联系。宿命论这种信仰会影响到我们采取有益行动的能力。有些人怀有一种严重的自大感，认为自己能够做到一切。他们什么都知道，因而什么都不想去学。这种想法会导致什么样的后果我们都很清楚。在学习方面持有这种态度的孩子成绩通常都会很差。还有一些人总是想去做那些最危险的事情。他们觉得，自己什么问题也不会碰到，他们不可能遭遇失败。可他们的结果呢，往往糟糕得很。

我们发现，不管什么时候只要生活当中发生什么可怕的事情，而他们又安然无恙，他们就会产生这种宿命感来。例如，他们可能经历了一场严重的事故却没有丧命。结果，他们便开始觉得，自己是命中注定，必将实现一些更高的目标。曾经有一位男子，他起初也有这种感觉，可经历了一件结果与其预计不一样的事情之后，他就丧失了勇气，变得沮丧抑郁、意志消沉起来。他那种最重要的精神支柱已经彻底崩塌了。

在问到儿时记忆的时候，他讲述了一段非常重要的经历。他说，有一次他准备到维也纳的一家戏院里去看戏，但得先处理点儿事情。最后他到那里时，剧院已经被大火烧成了一片废墟。一切都化为了灰烬，他却幸免于难。我们完全能够理解，这样一个人为什么会觉得自己命中注定要成就一番大事了。后来一切都进展顺利，直到他在夫妻关系当中遭受挫折。随后他的精神就垮掉了。

对于宿命论这种信仰的意义，我们可以长篇大论，或是撰写出许多的著作。这种信仰既对所有民族和所有文明产生了影响，也对所有个人产生了影响。但就我们而言，我们只想指出它与心理活动及生活方式根源之间的关联。从很多方面来看，信仰宿命论都是一种懦弱的逃避，即逃避遵循有益原则做出努力、逐渐培养主动性的这一使命。正是由于这个原因，我们才说它最终只会是一种虚假的精神支柱。

嫉妒这种态度是影响我们与同胞之间关系的基本心理态度之一。注意，嫉妒其实是自卑的一种迹象。诚然我们的性格当中都存在一定程度的嫉妒心理。怀有程度很轻的嫉妒心理并无大碍，也相当常见。然而我们必须指出，这种嫉妒心理应当用在有益的地方，使它在工作、前进和处理问题的过程中发生效用。在这种情况下，嫉妒就不是毫无益处的。我们每个人心中都怀有一丝嫉妒心理是可以体谅的，原因就在于此。

另一方面，妒忌却是一种棘手和危险得多的心理态度，因为我们不可能让妒忌变成一种有益的东西。从任何一个方面来说，怀有妒忌心理的人都是不可能有益于社会的。

此外，我们也可以看出，妒忌是一种强大而根深蒂固的自卑感所导致的结果。心怀妒忌的人会害怕自己无能掌控自己的伴侣。因此，这种人一旦想要利用某种方式去左右伴侣，他就会通过表现出妒忌之心而暴露出自己的弱点来。研究这种人的原型，我们就会发现其中有一种剥夺感。所以若碰到心怀妒忌的人，我们最好去回顾一下他的过去，以便搞清我们应对的是不是一个曾经失过势、如今仍然以为自己会再次失势的人。

从妒忌与嫉妒这个一般性的问题，我们可以转而去讨论一种非常独特的妒忌心理，那就是女性对男性占有优越社会地位的妒忌心理。我们发现，许多的女性都希望自己是男儿之身。这种心态是完全可以理解的。客观公正地来看的话，我们就能看出，在我们的文化当中，男性往往都占有主导地位。与女性相比，男性往往更受赏识、重视和尊重。从道德上来说，这种做法是不正确的，应当得到纠正才是。如今，姑娘们都会看到，在家里男性家人过得更加舒适安逸，不必费心去干一些琐碎之事。她们看到，男性家人在许多方面都更加自由。而男性这种更加优越的自由会使得女性对自己的身份感到不满。于是，她们便会努力像男孩子那样行事。这种对男孩行为举止的模仿可以有多种多样的表现方式。比如说，我们会看到她们会尽量像男孩子一样穿着打扮。而在这一点上，她们有时还会受到父母的鼓励，因为大家都公认男孩子的衣服穿起来更加舒适。注意，这些行为当中有许多都是有益的，我们无须去加以制止。不过，也有一些毫无益处的态度，比如一个女孩子想要别人用男孩子的名字来称呼她，而不是用女孩子的名字去叫她。如果别人不用她选定的男孩名字去称呼她的话，女孩子就会非常生气。这种态度假如反映出了某种表面之下的东西，而不仅仅是一种胡闹的话，那么就会非常危险。在此种情况下，这种态度可能会让女性在日后的生活中产生一种对自身性别角色的不满情绪以及对婚姻的厌恶心态，或者在结婚之后，产生一种对女性性别角色的厌恶心态来。

我们不该因为女性身穿短装而去指责她们，因为穿短装是有好处的。女性在许多方面像男性一样成长，并且从事男性那样的工作。不过，倘若她们对自己的女性身份感到不满，并且试图染上男性的许多恶习那就很危险了。

这种危险倾向在青春期就会出现，因为正是在那一时期，我们的原型会受到毒害。女孩子的心智并未成熟，因而会对男孩子拥有的种种优先权利产生妒忌之心。这种妒忌会以渴望模仿男孩的心态做出反应。注意，这其实是一种自大情结，也是对正常成长的一种逃避。

我们已经说过这种心理会导致女孩子对恋爱和婚姻产生一种极为严

重的厌恶感。这并不是说怀有这种厌恶感的姑娘不想结婚，因为在我们的文化当中，不结婚会被当成是一种失败的标志。因此即便是那些对婚姻不感兴趣的姑娘也会想要结婚。

一个主张我们应当根据平等原则来规范两性关系之基础的人，不应当对女性存在的这种"男性钦羡"现象加以鼓励。两性之间的平等必须切合事物的自然格局，而"男性钦羡"却是对现实的一种盲目反抗，因此是一种自大情结。事实上，通过这种"男性钦羡"心理，所有的性别功能都有可能受到干扰和影响。这样做可能会导致许多严重的症状。倘若追溯一下这些症状的起源，我们就会看出，这种状况都起源于儿童时期。

虽说没有姑娘想要变成男孩子的情形那样常见，但我们也会碰到想要变得像姑娘一样的男孩子。这种男孩子想要模仿的并不是普普通通的姑娘，而是那些用一种夸张的方式卖弄风情的姑娘。这种男孩子会用香粉，会佩戴花饰，并且会尽量像一个轻佻的姑娘那样行事。这种心理也是自大情结的一种形式。

事实上，我们还会发现，在许多的这种病例当中，此种男孩子都是在一个由女性主导的环境当中长大的。因此，这种男孩子在长大的过程中就会模仿母亲的性格特点，而不是模仿父亲的性格特点。

有一个男孩子因为碰到了某些性问题而前来咨询。他讲述了自己总是与母亲待在一起的情况。在家里，父亲几乎就是一个无足轻重的人。注意，他的母亲在结婚之前曾是一名裁缝，而在婚后也仍然时不时地干着自己的本行。由于总是在母亲身边，因此这个男孩子开始对母亲缝制出来的衣物感兴趣。他开始缝缝补补、画女性服装图等等。他在四岁的时候就学会了看时间，因为他的母亲总是四点钟外出，五点钟回来。根据这个事实，我们就能判断出，他是多么关注自己的母亲。正是在看到母亲回来时那种欣喜之情的推动下，他才学会了看时间。

　　在后来的生活当中，到了去上学的时候，他的行为举止便像是一个姑娘了。他不去参加任何体育运动或者游戏。男生们都取笑他，甚至还时不时地亲吻他。在这种情况下，男孩子们经常都会那样做。有一天，他们要排练一出戏。我们想象得到，这个男孩子扮演的就是一位姑娘。他表演得非常生动，以至于许多观众都真的以为他就是一位女孩子。观众当中有一名男子甚至还爱上他了呢。如此一来，这个男孩便开始明白，就算自己身为男子而没法获得别人的重视，他也可以被人当成女性而获得别人的极大赏识。这一点正是他后来碰到性问题的根源。

第七章　梦和梦的解析

在"个体心理学"看来，意识和潜意识构成了一个统一体。这一点，我们在前文中已经用大量篇幅阐述过了。在上两章里，我们一直都在根据个人是一个整体的原则阐述各个有意识的组成部分，即记忆、态度和行为。现在，我们将运用同一种阐释方法，来理解我们的潜意识生活或者半潜意识生活，即我们的梦境生活。之所以可以运用这种方法，原因在于我们的梦境生活就像我们清醒时的生活一样不多不少也是这个整体中的组成部分。支持其他心理学流派的人总是试图找出关于梦境的新观点，可我们对于梦境的理解却是遵循着我们在理解精神表达与精神活动当中体现出来的、所有不可或缺的组成部分时所用的同一原则发展起来的。

正如我们已经看到清醒时的人生是由我们的优势目标所决定的一样，我们可以认为梦境也是由个人的优势目标所决定的。一个梦始终都是生活方式的一个组成部分，而我们始终都会看到，其中也涉及原型。事实上，只有明白了原型是如何与一个特定的梦紧密相关的，我们才能肯定地说自己真正理解了这个梦。此外，若是非常了解一个人的话，我们也可以大致准确地推测出他所做之梦的特点来。

比如，以我们了解到人类从整体来看实际上都非常胆小这一点为例。从这个普遍事实，我们就可以预先断定，人类所做的大多数梦都是关于害怕、危险或者焦虑的。这样一来，若是我们认识一个人，并且明白这个人的目标就是逃避解决人生问题，那么我们就可以推断出，他会经常梦到自己摔倒。这样一个梦就像是一种警告，告诉他说："不要前进，否则你就会被打败。"他是用跌倒这种方式，表达出自己对于未来的看法。绝大多数人都做过这种跌倒的梦。

举个具体例子，那就是一名学生在考试前夕的情况。假设我们都知道这个学生很懒，就可以推断出他会遭遇到什么情况。他一整天都忧心忡忡，无法集中精神，最后便这样对自己说："时间太短了。"他希望推迟这场考试。他做的梦会是一个跌倒的梦。这就表达出了他的生活方式，因为要想实现自己的愿望，他必须用这种方式来做梦。

再以另一个学生为例。这个学生在学习上不断进步，非常勇敢，毫不害怕，也从来不用什么借口。我们也可以推断出他所做之梦的内容来。在参加一场考试之前，他会梦到自己爬上了一座高山，为山巅的风光所陶醉，然后在这种情境下醒过来。这个梦就是对他当下那种人生的一种表达，而我们也可以看出，这个梦如何反映出了他所创建的目标。

接下来还有一种具有局限性的人，即那种只能前进到一定程度的人。这种人梦到的都是种种约束，以及关于自己无法逃避别人、无法逃避困难的内容。这种人会经常梦见自己被人追赶和迫害。

在继续讨论下一种类型的梦之前，我们完全可以指出，就算有人这样说："我不会跟您说我做过的任何一个梦，因为我一个也不记得了。不过，我可以编造出一些梦来，"一名心理学家也从来不会因此感到灰心。心理学家非常清楚，这个人的幻想所创造的，除了其生活方式所要求的东西，绝对不会是别的什么。这种人编造出来的梦与他们真正记得的那些梦一样有效，因为一个人的想象与幻想也是其生活方式的一种表达。

幻想并不只有严格效仿一个人的真实行为才能成为其生活方式的一种表达。例如，我们会发现这样一种人，他们更多地生活在幻想当中，而不是生活在现实当中。这种人都是白天极为胆小谨慎，在梦里却相当勇敢的人。不过，我们往往都会找到一些证据来说明这种人并不希望完成自己的工作。即便是在他们那一个个勇气十足的梦里，这种证据也是相当明显的。

做梦的目的往往都是为了给做梦者实现自身的优势目标创造条件。也就是说，为了给一个人实现自身那种隐蔽的优势目标做准备。一个人的所有症状、行为与梦境都是一种训练形式，目的都是让一个人能够找到这个主导性的目标——不管这个目标是让自己成为关注的焦点，还是专横地对待别人或者是逃避的话。

一个梦往往会表达得既不符合逻辑，又不合乎事实。它之所以存在，就是为了激发出某种感受、情绪或者情感，而我们也不可能彻底消除其中的种种隐晦之处。不过，在这个方面，它与清醒时的生活以及清醒生活当中的行为之间的区别，只在于程度，而不在于种类。我们已经看出，精神对人生问题的回应与一个人的人生格局有关：这些回应不会符合一种预先已经确定的逻辑框架，但出于社会交往的需要，我们的目的是让它们日益切合某种预先已经确定的逻辑框架。注意，一旦我们摒弃了关于清醒人生的那种绝对观点，那么梦境生活便不再神秘了。它会变成一种深层的表达形式，进一步表达出了我们在清醒人生当中看到的同一种相关性，以及同一种事实与情感交融的状态。

从历史来看，对于原始民族来说，梦境始终都显得非常神秘，因此他们通常都求助于那种带有预言性的阐释方法。他们认为，梦境就是对即将发生之事的一种预言。这一点，半真半假，不可全信。的确，梦是联系做梦者目前面临的问题与其未来的成功目标的一座桥梁。从这个意义来说，梦常常都会在将来变成现实，因为做梦者会在梦里演习自己所承担的那个角色，从而为梦境变成现实做好准备。

换种说法就是，梦与我们清醒时的生活一样，其中会显示出同一种关联性。假如一个人敏锐、聪明，那么不管分析的是自己的清醒生活还是梦境生活，他都能够预见到自己的未来。这种分析就是一种判断。比如说，倘若有人梦到一位熟人去世了，而那个熟人也的确去世了，那么这种梦就没有什么稀奇的，这可能与一位医生或死者的一位至亲所预见的没有多大分别。做梦者所做的不过就是在梦里而不是在清醒生活当中进行思考罢了。

关于梦境具有预言性的这种观点，正是由于其中含有某种似是而非的东西，所以它才是一种迷信。坚持这种观点的，通常都是那些持有其他迷信观念的人，要不然就是那些希望通过让人觉得他们都是预言家来追名逐利的人。

要想消除梦境具有预言性的这种迷信观念以及澄清围绕着梦境的那种神秘性，我们自然必须解释清楚为什么绝大多数人都不理解自己所做的梦。其中的原因从这样一个事实就可以看出来：即便是在清醒的生活当中，也很少有人能了解自己。很少有人拥有那种具有反思性的自我剖析能力，而这种反思性的自我剖析能够让人看清自己的前进方向。并且对梦境进行分析也是一件比分析清醒时的行为要更加复杂、更加晦涩的事情。因此，梦的分析超出了绝大多数人的能力范围这一点就不足为怪了。而且人们会因为对梦中涉及的东西一无所知，所以转而去相信骗子的话也就并不奇怪了。

如果把梦的逻辑性与人们在正常清醒生活中的行为进行比较，但并不是直接比较，而是与我们在前面各章中已经说明过的那种现象进行比较，将它看成是个人智力的一种体现。这样做会有助于我们去理解梦的逻辑性。读者应当还记得我们是如何描述违法犯罪者、问题儿童与精神病患者的态度的，比如他们会如何产生某种感受、性情或者情绪，以便说服自己去实施某种给定的行为。比如，凶手会为自己辩解说："人生当中没有这个人的容身之地，因此我必须杀掉他。"通过在自己心里强调世间位置不够的这种观点，凶手便产生出了某种感受，从而让他为接下来的谋杀行为做好准备。

这种人或许还会辩解说某某人有一条漂亮的裤子，他却没有。由于太过强调这种情况，因此他便会产生妒忌心理。他的优势目标会变成让自己也拥有漂亮的裤子，因此我们可以看到，他会在自己做的一个梦里产生出某种情感。这种情感将会引导他去实现这一目标。事实上一些众所周知的梦都说明了这一点。比如说，《圣经》当中约瑟夫所做的那些梦就是这样的。他曾经梦到过别人全都向他鞠躬行礼。如今我们就能看出，这个梦为何符合蒙在整件事情之上的那种斑斓色彩，为何符合约瑟夫被他的兄弟们放逐那段情节了。

还有一个尽人皆知的梦，那就是希腊诗人西摩尼德斯[1]所做的一个梦。当时，他受邀准备前往小亚细亚去讲学。尽管船只停在港口里等着他，可他一直犹豫不决，旅程一推再推。朋友们都竭力说服他动身，也没有作用。接下来，他便做了一个梦。他梦到自己曾经在一片森林里发现的一位死者来到他的面前，对他说："由于您的心地非常善良，在森林里照料过我，所以我现在提醒您，不要到小亚细亚去。"西摩尼德斯站起身来，说道："那我就不去了。"不过，其实在做这个梦之前，他就已经有意不去了。因此，他只是激发出了一种感受或者情感来支持自己已经做出的结论罢了，尽管他并不理解自己所做的这个梦。

假如我们理解了的话，那么很显然，一个人会为了达到欺骗自己的目的而产生出某种幻想，从而获得某种合意的感受或者情感。通常来说，梦中能够被人记住的东西只有这一点。

在研究西摩尼德斯这个梦的过程中，我们还得出了另外一点。在阐

---

[1] 西摩尼德斯（约公元前556—约公元前468），古希腊抒情诗人。

释梦境的时候，应当是怎样的一个过程呢？首先我们必须牢记，梦是一个人自身创造力的组成部分。西摩尼德斯在做梦的时候，运用了自己的想象力，并且形成了一个序列。他选择了那个逝者的事件。这位诗人为什么会从自己的所有经历当中，选出照料死者的那次经历呢？很显然是因为诗人非常关注与死亡相关的想法，因为事实上，一想到自己要坐船出海航行，他就害怕得很。在他所处的那个时代，航海意味着真正的危险，因此他才犹豫不决。这是一种迹象，说明他很可能不但害怕晕船，而且害怕船只可能会沉没。由于心中一直存有死亡的念头，因此他在梦里才会选择那位死者来做其中的情节。

倘若我们用这种方式去研究梦境的话，那么释梦的任务就不会变得那么困难了。我们应当记住，场景、往事与幻想的选择都预示着做梦者心理活动的方向。这种选择，会向你们显示出做梦者的性格倾向，因此我们最终就能看出做梦者想要实现的是一种什么样的目标了。

我们不妨来研究一下某位已婚男士做的一个梦。对于自己的家庭生活他感到很不满意。他有两个孩子，他总是忧心忡忡，担心妻子没有照料好孩子，并且认为妻子太过关注其他的事情。他总是用这些事情指责妻子，并且想方设法地要改变妻子。有天晚上，他梦到自己有了第三个孩子。可这个孩子丢了，怎么也找不到。他便责骂妻子，因为妻子没有照看好这个孩子。

这样，我们就看出了他的性格倾向：他的心里有一种想法，那就是两个孩子当中有一个可能会走失，可他又不够勇敢，不敢让其中一个孩子走失的情况出现在自己的梦中，于是，他便虚构出了第三个孩子，并且让这个孩子走失。

还有一点也值得注意，那就是他喜爱自己的孩子们，不想让孩子们走失。而且，他也觉得妻子要照料两个孩子已经是不堪重负，因此无法照料好第三个孩子，因此第三个孩子必定活不长久。于是，我们就发现了这个梦的另一个方面，阐释起来那就是：我该不该要第三个孩子呢？

这个梦的实际效果，就是他激发出了一种针对妻子的情绪。家里并没有哪个孩子真的走失了，可他第二天早上起床后，却指责了妻子，对妻子感到很恼火。如此一来，由于晚上做梦时产生了一种情绪，所以人们早上起床时，才变得喜欢争吵和挑剔别人。这就像是一种陶醉状态，与我们在忧郁症患者身上发现的那种情况一样，因为忧郁症患者正是让自己沉醉在失败感、死亡以及失去一切等的想法当中。

我们还可以看出，这位男士选择的都是他确信自己具有优势的方面，比如"我对孩子们很细心，可我的妻子不是这样，所以才丢失了一个孩子"的这种感觉。他想要掌控妻子的倾向在他所做的梦里一览无余。

现代释梦学的兴起距本书出版差不多有二十五年的时间。起初，弗洛伊德认为梦是对人们幼时性欲的一种满足。对于这一点，我们不敢苟同，因为倘若梦是这样一种满足的话，那么一切现象都可以用"一种满足"来进行表述了。每一种观念都是这样表现出来的，即从深层的潜意识上升到意识。因此，性满足的这一准则，其实并没有解释出什么特殊之处来。

后来，弗洛伊德又提出梦中也涉及了一个人对死亡的渴望。但是我们可以肯定地说，用这种方式无法充分解释我们最后所列举的那个梦，因为我们肯定不能说那位父亲希望自己的孩子走失并且死去。

真相就是，除了我们已经讨论过的、关于精神生活具有一致性以及关于梦境生活具有特殊的情感特征这两种一般性的假设，我们并没有什么明确的准则来释梦。这种情感特征，以及随之而来的那种自我欺骗作用，就是一种具有诸多变化形式的主题。因此它总是表现出对比较和比喻的偏爱。运用比较是欺骗自己和欺骗他人的最佳手段之一。因为我们可以肯定地说，如果一个人运用了比较，那么这个人就是没有把握，不相信自己能够用现实与逻辑来说服别人。这种人始终都想通过毫无用处、求之久远的比较来左右大家。

连诗人也会骗人，只是这种欺骗令人觉得愉悦罢了，而我们也很喜欢欣赏其中的比喻与诗化了的比较。然而，我们可以肯定地说，诗歌对我们的影响必定会比平庸之语对我们的影响大。比如说，若是荷马描述说，希腊的一队士兵有如雄狮一般冲过原野，那么，只要我们认真想一想，这个比喻就不会骗得了我们。不过，倘若我们陷入了一种诗意的情绪当中，这种比喻自然就会让我们深感陶醉。诗人让我们相信，他拥有非凡的能力。但如果只是描述士兵身上穿着的衣服、手中所持的武器等等，诗人就做不到这一点。

在一个人难以解释某些事情的情况下，我们也会看到同样的现象：假如一个人明白自己无法说服别人，他就会用比喻的方法。我们已经指出，这种运用比喻的做法具有自我欺骗性，而这一点也正是比喻会在梦中选择场景、形象等的过程中显得如此突出的原因。这是一种艺术化的自我陶醉手段。

奇怪的是，梦境在情感上具有陶醉性这个事实却给我们提供了一种防止做梦的方法。倘若一个人明白自己梦到的是什么，并且认识到那样做是在自我陶醉，那么他就会停止做梦。因为那样对他来说，做梦就不再有任何目的了。起码来说，本书作者的情况就是如此。他认识到了做梦的意义之后，便不再做梦了。

顺带提一句，这种对梦的意识要想行之有效的话，那么这种认识必须在情感方面具有彻底的转变才行。至于本书作者，这种转变是在他做的最后一个梦里发生的。这个梦出现在战争时期。由于工作职责所在，当时他正在全力以赴，让一名士兵不被派往前线一个危险地方去。在梦里，他突然想到自己杀了一个人，可他不认识被杀的那个人。他让自己陷入了一种糟糕的状态中，不停地想知道："我究竟杀了哪一个人呢？"实际上，他只是完全沉浸在自己的那种想法里，即要尽最大的努力，让那名士兵待在最有利的地方，从而不至于战死。梦中的情绪旨在促使他产生这种想法，不过，待理解了这个梦的目的之后，他就完全不再做梦了，因为他不必为了做某些事情而再去欺骗自己。出于逻辑的原因，这些事情他既有想要去做的，也有想要半途而废不去做的。

我们的上述论述回答了人们经常提出的一个问题：为什么有些人从不做梦呢？这些人，都是那种不想欺骗自己的人。他们都一心扑在行动与逻辑上，并且希望直面问题。就算是的确做梦，这种人常常也会很快把自己做的梦忘掉。由于遗忘得非常迅速，因此他们都以为自己没有做梦。

这一点引发出了一种理论，即我们始终都会做梦，只是我们会把绝大多数梦都忘掉。假如承认这样一种理论，我们就会给有些人从不做梦这个事实带来一种不同的解释。那样的话，这些人就会变成实际上做梦但往往会把自己所做的梦忘掉的人。本书作者并不认同这种理论。他更相信，有些人从不做梦，也有一些人会时而忘掉自己所做的梦。从本质来看，这样一种理论是很难去加以驳斥的。不过，寻找证据的责任或许应当由那些提出这种理论的人去承担。

我们为什么会反复地做同一个梦呢？这是一种奇怪的现象，我们无法对其进行明确的解释。然而，在这种反复出现的梦里，我们能够发现一个人的生活方式会表达得更加清晰。这样一个反复出现的梦，给我们提供了一种明确无误的迹象，表明了一个人的优越目标所在。

倘若做梦时间久，并且长期做这种梦，那么我们必须认为做梦者并没有做好充分的心理准备。这种人正在寻找联系其面临的问题与实现其目标之间的那座桥梁。之所以说最好理解的梦都是时间很短暂的梦原因正在于此。有的时候，一个梦里只有一幅场景和寥寥数语，从而表明做梦者实际上正在试图寻找一条欺骗自己的捷径。

我们可以用睡眠的问题来结束这一章的论述。许多人都在睡眠方面提出了一些不必要的问题。他们认为，睡眠与清醒是矛盾的，睡眠是"死神的兄弟"[1]。不过，这样的观点其实不正确。睡眠并不是清醒的对立面，而是清醒的一种程度。在睡眠中，我们并没有与生活脱节。相反，我们在梦中既会思考，也听得到声音。相同的一些性格倾向通常都会在睡梦中和在清醒生活当中表达出来。比如，有一些母亲，大街上怎么喧嚣也不会吵醒她们，可要是她们的孩子们稍稍动一动，她们马上就会跳起来。我们看得出她们的注意力在睡觉时实际上也是清醒的。另外，从我们睡觉时不会掉到床下这个事实，大家也能看出，在睡梦中我们是具有范围意识的。

白天和夜里两方面的表现构成了一个完整的个性。这一点正好解释了催眠这种现象。迷信使之显得似乎是一种魔力的催眠状态，充其量不过是睡眠的一种变化形式罢了。不过，在这种变化形式当中，一个人是主动希望服从另一个人的指令，并且明白另一个人想要让他睡觉。父母对孩子这样说："行了，现在睡觉去！"而孩子们也会服从这一指令，正是同一种情况的简化形式。在催眠现象中，催眠术之所以有效就是因为一个人很顺从。与催眠对象的顺从程度成正比的，就是他可以被人催眠的难易程度。

在催眠过程中，能够让一个人心中出现他在清醒状态的种种约束之下不会想到的那些图景、想法和回忆。其中唯一需要的就是催眠对象的顺从。通过这种方法，我们就能找出以前可能忘掉了的一些解决办法，即一些旧时回忆来。

然而作为一种治疗方法，催眠术也有其危险性。本书作者并不喜欢催眠术，只会在患者信不过其他方法的时候使用这种办法。我们会发现，受到催眠的人心中都充满了仇恨。虽说起初他们都会克服自身的问

[1] 死神的兄弟，英语俗语，指代"睡眠"。

题，可他们并不会真正改变自己的生活方式。这就像是一种药品或者是一种机械手段，并没有触及一个人的真正本性。假如确实要帮助一个人的话，我们需要做的就是让他鼓起勇气和信心，并且更好地理解自身所犯的错误。催眠术做不到这一点，因此除了在少数情况下，我们都不应当运用这种办法。

第八章　问题儿童及其教育

　　我们该如何来教育孩子呢？这一点或许是我们目前的社会生活当中最重要的一个问题。对于这个问题，"个体心理学"能够发挥出巨大的作用。教育，无论是家庭教育还是学校教育，都是为了尽力发挥出每个人的人格，并且对人格加以引导。因此，心理学就是获得正确的教育技巧所必需的一种基础。若是愿意的话，我们也可以将一切教育都看成是生活这种广义心理艺术的一个分支。

　　我们不妨从某些初步理论开始。最普遍的教育原则就是，教育必须与个人日后将要面对的人生保持一致。这就意味着，教育必须与国家的种种理想保持一致。假如我们不用本国希望实现的那种理想来教育孩子，那么这些孩子在日后的人生当中就很有可能会遇到困难。他们就不会以社会一员的角色融入其中。

　　诚然，一个国家的理想可能会发生变化。它们既有可能在一场革命之后突然改变，也有可能在发展的过程当中逐渐演变。不过，这一点只是意味着教育工作者心中应当怀有一种非常远大的理想罢了。这种远大理想应当是一个始终都能落到实处的理想，并且可以教导个人调整自身，正确地去适应不断变化的环境。

　　学校与社会理想之间的联系，当然是依赖于它们与政府的联系。正是在政府的影响之下，国家理想才会在学校教育体系当中体现出来。政府并不会直接介入儿童的父母或者家庭，而是对代表着国家利益的学校进行监管。

从历史的角度来看，学校在不同时期都体现出了不同的理想。在欧洲，学校起初是为贵族家庭设立的。学校在精神上具有贵族做派，并且只有贵族在学校里接受教育。

后来，学校被教会接管了，于是它们便开始呈现出宗教学校的面貌来。只有牧师才能当老师。接下来，国家要求获得更多知识的呼声开始日渐增强。学校开始寻求更多的科目，也需要大量的老师，从而超过了教会能够提供的教师数量。这样一来，除了牧师和神职人员之外，其他人也开始进入这一行业。

直到近代，教师一直都不是专职的。他们还同时从事着其他的诸多行业，比如制鞋、裁缝等等。很显然，他们都只知道不打不成器，只知道用棍棒来进行教育。他们的学校，并不是那种可以解决儿童心理问题的学校。

教育领域里的现代精神是在裴斯塔洛齐[1]那个时代的欧洲发起的。裴斯塔洛齐就是第一个发现除了棍棒与惩罚之外还有其他教育方法的老师。

裴斯塔洛齐之所以对我们来说非常重要，是因为他指出了学校的教学方式具有极为重要的意义。通过正确的教育方法，每一名儿童（除非是智力障碍儿童）都能够学会读书、写字、唱歌和算术。如今，我们还不能说已经发现了最佳的教学方法，因为教学方法始终都在发展变化着。我们一直都在寻找新的、更好的教学方法，因为这样做既正确又合理。

回顾欧洲学校的发展历史，我们可以看到，就在教育方法发展到了

---

[1] 裴斯塔洛齐（1746—1827），瑞士著名的教育实践活动家和教育理论家。

一定程度之后，社会对那种能够读书、写字、算数，并且通常都具有独立判断的能力，无须经常进行指导的工人的需求量大大增加了。正是在这一时期，社会上出现了这样一种口号：开设一种每个孩子都能上的学校。如今，每个孩子都必须上学。这种发展有赖于我们的经济生活条件，以及反映出这些条件的种种理想。

以前欧洲只有贵族才有权有势，因此当时需要的只是官吏和劳力两种人。那些必须准备身居高位的人就会去上高等学校，而其他人根本不去上学。当时的教育制度反映出了当时的国家理想。如今的教育制度对应的则是一系列不同的国家理想。我们的学校不再要求孩子必须安安静静地坐着，双手合拢放在膝盖上，并且不允许走动。在如今的学校里，孩子们都成了老师的朋友。他们不再被迫屈从于权威，不再被迫只是服从，而是能够更加独立自主地成长了。在实行民主制度的美国，自然设有许多这样的学校，因为学校始终都会随着那种在政府监管当中体现出来的国家理想而发展。

学校教育体系与国家理想、社会理想之间的联系是有机的。正如我们已经看到的那样，这是它们的起源与组织导致的结果。不过，从心理学的角度来看，作为一种教育手段，学校教育却为国家理想与社会理想带来了一种极大的优势。从心理学的角度来说，教育的首要目标就是社会适应性。注意，与家庭相比学校能够更加轻松地引导单个儿童身上的那种社会性倾向，因为学校教育更加接近于国家的需求，并且对儿童没有那么多的苛求。学校不会溺爱孩子，一般说来，学校对儿童也会持有一种公正的态度。

另一方面，家庭内部却不会始终都弥漫着这种社会理想。我们经常发现，家庭里面都是传统思想占主导地位。只有当父母本身就具有社会适应性，并且理解教育的目的必须是社会化，教育才能取得进步。不管什么时候，只要父母明白和懂得这些方面，这种家庭中的孩子就会受到正确的教育、做好上学的准备，并且上学之后也是如此，都会为自己在日后人生当中的那种特定位置做好恰当的准备。这就是孩子在家里和上学后那种理想的成长状态，而学校则正好介于家庭与国家之间。

从前文的论述当中，我们可以推断出，一名儿童在家庭中的生活方式是在四五岁之后确定成型的，并且无法再直接对它加以改变。这一点指出了现代学校教育必须遵循的道路。我们不能批评或者惩罚儿童，而应当尽量去塑造、教育和培养儿童的社会兴趣。现代学校不能再根据压制和约束的原则来进行教育了，而应当致力于这样一种理念，那就是尽力理解并解决儿童碰到的个人问题。

另一方面，由于父母和儿童在家庭内部是紧密结合在一起的，因此父母往往很难为了社会而去教育孩子。他们更愿意为了自身的需要而去教育儿童，这样往往会让儿童形成一种将会与日后人生当中所处境况相冲突的性格倾向。这种儿童日后必然会面临更大的问题。一上学，他们就已遇到了这些问题，而在他们日后的学习生活中，这些问题还会变得日益严重起来。

要想改善这种状况，我们自然有必要去教育父母。通常来说，这样做并不容易，因为我们往往不可能像接触儿童那样接触到儿童的父母。而且，即便是接触到了儿童的父母，我们可能也会发现，他们对国家的理想可能不是很感兴趣。他们都会根深蒂固地坚守着传统，因而不想去理解这种状况。

由于拿父母没有太多的办法，所以我们只能满足于做广泛的传播了。攻克这一问题的最佳地点，就是我们的学校。事实如此，第一是因为学校里汇集了大量的儿童，第二是因为儿童在学校里会比在家中更加充分地呈现出生活方式当中的错误，第三则是因为老师原本应当是一个能够理解儿童面临的种种问题的人。

如果存在正常儿童的话，那么这种儿童是不会让我们感到担忧的。

我们不会去影响他们。倘若看到一些儿童得到了全面发展，形成了社会适应能力，那么我们最好不去打压他们。他们应当走自己的路，因为我们可以确信这种儿童会为了培养出优越感而去寻求一种有益于人生的目标。他们的这种优越感，正是因为处于人生当中有益的一面，才不会变成一种自大情结。

另一方面，问题儿童、精神病患者、犯罪分子等人身上的优越感和自卑感，却都存在于人生当中无益的一面。这些人为了补偿他们的那种自卑情结，会表现出一种自大情结来。正如我们已经指出的那样，每个人身上都有自卑感，但只有在自卑感让一个人的情绪沮丧到了极点，刺激一个人开始在人生当中无益的一面进行训练的时候，这种感受才会变成一种情结。

自卑与自大方面的这些问题，全都起源于孩子上学之前这个时期的家庭生活。正是在这一时期，儿童逐渐形成了自己的生活方式。这种生活方式与成年人的生活方式形成对比，我们称之为"原型"。这种原型属于一种没有成熟的产物，像一个没有成熟的果实。倘若出现了某种问题，比如长了虫子，那么它越长大、越成熟，其中的虫子也会变得越大。

我们已经看到，这种"虫子"或者问题是由生理缺陷方面的问题演变而成的。生理缺陷方面的问题通常是一个人产生自卑感的根源。在这里我们必须再次记住，导致出现问题的并不是生理缺陷而是生理缺陷带来的种种社会不适应感。正是这一点给我们提供了教育孩子的机会。训练一个人去适应社会、适应自身的生理缺陷，从而不变成社会的种种累赘，可能会变得很有意义。因为我们已经看到，一种生理缺陷可能是培养出一种显著兴趣的根源。这种兴趣是通过训练培养出来的，可能会左右个人的整个人生，而倘若这种兴趣通过一种有益的方式宣泄出来的话，它对个人来说可能就会具有重大的意义。

全都取决于生理缺陷与社会适应性保持一致的程度。比如在一个儿童只想看见什么，或者只想听到什么的情况下，老师的责任应该就是培养出儿童利用自己所有感官的兴趣。否则的话，这种儿童就会与其他学生格格不入。

对于那些左撇子儿童的情况我们都很熟悉，通常来说，一开始没有人会意识到这个孩子是左撇子。由于习惯于用左手，因此这种儿童会不断地与家人产生矛盾。我们发现这种儿童要么会变得争强好斗、敢作敢当（这是一种优点），要么就会变得灰心丧气、暴躁易怒。这种儿童带着自身的问题上学之后，我们就会发现他们要么是喜欢打架斗殴，要么就是无精打采、急躁易怒，并且缺乏勇气。

除了有生理缺陷的儿童，许多在家里受到娇惯的儿童上学之后也会带来一个问题。如今由于学校的组织方式与家庭不同，因此一个儿童几乎是不可能始终都成为别人关注的焦点的。诚然偶尔碰巧会出现这种情况，那就是一位老师非常善良、温柔，因此会偏宠某个儿童，可由于这个儿童会一年一年往上升级，因此必然会失去这种受到偏宠的地位。到了日后的生活当中，情况还会变得更糟，因为在我们的文化当中，人们都认为倘若一个人没有做出任何贡献，却始终处于关注的焦点，那么这种现象就是不正常的。

所有的这种问题儿童都具有某些明确的性格特征。他们都不是很有能力去应对人生中的各种问题。他们都野心勃勃，想要为了自己的利益来统治一切，而不是为了社会的利益去统治一切。此外，他们往往都很喜欢争吵，对别人充满了敌意。他们通常都是胆小怯懦之人，因为他们对所有的人生问题都没有兴趣。在儿童时期受到娇惯的经历，并没有让他们做好应对人生问题的准备。

在这种儿童的身上，我们还会发现其他一些性格特点，那就是他们都很谨慎，并且总是犹豫不定。他们会拖延时间，不去解决人生给他们带来的问题。要不然他们就会在问题面前全然止步，心烦意乱地逃避，永远都干不成任何事情。

这些性格特点在学校里会比在家中更加清晰地暴露出来。上学就像是一种实验，或者是一种严峻考验，因为在学校里一名儿童是否适应社会及其问题这一点会变得非常明显。一种错误的生活方式在家里通常不会被人看出来，可到了学校里之后，这种错误的生活方式就会暴露无遗。

娇惯坏了的儿童和具有生理缺陷的儿童，往往都想要把人生当中的种种困难"排除出去"，因为他们那种严重的自卑感让他们丧失了应对这些困难的力量。我们在学校里却可以掌控这些困难，从而逐渐培养这些儿童解决问题的能力。这样学校就成了我们真正教育孩子的地方，而不是仅仅授课的地方。

除了这两种类型儿童需被重视外，我们还需考虑那种不招人喜欢的儿童。不招人喜欢的儿童通常相貌丑陋、身体畸形、具有残疾，并且完全没有做好社交生活的准备。或许，入学之后这种儿童面临的问题会是三类儿童当中最为严重的。

由此我们看出，无论老师和官员们喜不喜欢，洞察所有这些问题、解决这些问题的最佳办法必须逐渐成为学校管理当中的一个组成部分。

除了这些特殊问题儿童之外，还有一些被人们认为是"神童"的孩子，也就是那些异常聪明的儿童。有的时候，由于他们在某些科目当中领先，因此很容易在其他科目当中也显得很聪明。这些儿童全都思维敏捷、志向高远，因此往往不太受同学们的喜欢。孩子们似乎很快就会感觉出，他们当中的某个儿童是不是具有社会适应性。

我们能够理解，这种神童当中的许多人都会令人满意地度过学生生涯。不过，开始社会生活后，他们却没有制定出什么恰当的人生计划。他们在面对三大人生问题，即社会问题、职业问题、爱情与婚姻问题的时候，问题就暴露出来了。他们的原型当中已经存在多年的那些东西会变得显而易见，而我们也会看出，他们在家里没有很好顺应的后果。在家里，他们发现自己始终都处于有利的境况当中，因而他们生活方式中的错误没有暴露出来。可是，一旦他们面前出现一种新的情况，这些错误便显露出来了。

有意思的是，我们注意到许多诗人及剧作家早已看出了这些方面的联系。在他们创作的戏剧与爱情故事当中，许多诗人与剧作家都描述过他们在这种人身上看到的那种极为复杂的人生走向。例如，莎士比亚创作的诺森伯兰伯爵这个角色就是如此。莎士比亚是一位心理学大师，他笔下的诺森伯兰伯爵对皇帝十分忠心，但真正的危险一降临，就不是那么回事儿了。接下来，诺森伯兰伯爵便背叛了皇帝。莎士比亚明白这样一个事实：一个人真正的生活方式会在处境极为棘手的情况下暴露出来。不过，这种生活方式并不是艰难处境导致的，而是早就形成的。

"个体心理学"为解决神童面临的诸多问题而提供的办法，与为其他问题儿童提供的解决办法是一样的。个体心理学家会这样说："每个人都能有所成就。"这是一句颇具民主精神的箴言，它会锉掉神童们的锐气，因为这些"神童"往往都背负着太多的期望，往往都是被人推着前进，从而会变得太过关注自身。承认这句箴言的人可以培养出来非常聪明的孩子。而且这些孩子也不会变得自以为是或者过于自负。他们都会明白，自己做出的成就全都是所受训练和好运的结果。假如继续进行此种良好的训练，他们就可以做出别人能够获得的任何成绩。不过，对于其他那些受到的影响没那么有利、接受的训练与教育没那么良好的儿童来说，如果老师能够让他们理解这种正确的方法，他们也有可能做出优异的成绩来。

后一种儿童也有可能丧失勇气。因此，我们必须保护他们，使他们不受自身那种显著自卑感的侵蚀才行，因为这种自卑感是没有哪个人能够长久承受得了的。以前，这种儿童在上学时面临的困难并不像如今那样多。我们可以理解他们因被这些困难压得喘不过气来，而希望逃学，或者是根本就不去上学的心理。他们会认为，自己在学业上没有什么希望，而若是这种看法属实的话，那么我们就得承认，他们逃学或者根本不去上学的做法不矛盾，而且还很合理。不过，"个体心理学"却不同意这种儿童在学业上毫无希望的看法。"个体心理学"认为，每个人都能够成就一些有益的工作。虽说一路之上肯定都会犯错，但这些错误可以改正，孩子也可以继续前进。

然而，在通常情况下这种状况并没有得到正确的处置。就在孩子被上学之后种种新的问题压得喘不过气来的时候，孩子的母亲往往会采取一种关注和焦虑的态度。孩子学习成绩、在学校里得到的批评与责骂都会被回到家里后大人的反应放大。常见的情况是，一个孩子在家里时，由于一直受到溺爱而是一个乖乖宝，到了学校之后却变成了一个差生，因为他内心隐藏着的那种自卑情结，会在他与家人断绝联系之后暴露出来。那个时候，这种孩子便会恨曾经溺爱过自己的母亲，因为孩子觉得母亲欺骗了自己。她的形象不会再像以前那样美好了。在新处境所带来的那种焦虑状态当中，母亲原来的做法与溺爱，就会被孩子忘得一干二净。

我们经常发现，一名在家里争强好斗的孩子到了学校之后，却会变得温顺、安静，甚至是沉闷起来。有的时候孩子的母亲会到学校来，说："这个孩子整天都不让我消停。他总是在跟人吵架。"老师却会说："他整天都是安安静静地坐着，不怎么活动啊。"还有的时候，我们看到的情况则正好相反。也就是说，孩子的母亲会到学校来说："这个孩子在家里非常温顺、可爱。"而老师会说："他把整个班级都搞得乌烟瘴气。"对于后一种情况，我们是容易理解的。这种孩子在家里都是家人关注的重心，因而温顺、不闹腾。而在学校里，他却不再是老师和同学关注的焦点，于是他便会打架。或者，情况正好与此相反。

一位小姑娘的情况就是如此。这位小姑娘八岁了，深得同学们的喜爱，并且是班长。她的父亲去见医生，说道："这个孩子简直残酷成性，是个名副其实的暴君。我们再也受不了她了。"为什么会这样呢？她是一个无能的家庭中的长女。只有一个无能的家庭才会被一个孩子折磨。家里又添了一个孩子之后，这个小姑娘便觉得自己陷入了危险当中，并且仍然希望自己能够像以前一样继续是家人关注的重心，因此便开始为此而抗争。在学校里，老师和同学们都极为重视她，由于没有什么抗争的理由，因此她便成长得很好。

有些儿童在家里和学校里都有问题。家人和学校都会抱怨，而结果就是，孩子所犯的错误会越来越多。有些孩子在家里和学校里都很邋遢。注意，倘若孩子在家里和在学校里的行为一模一样，我们就必须在那些往事当中寻找原因。不管在什么情况下，我们不仅要考虑到孩子在家里的行为，还要考虑到孩子在学校里的行为，只有这样我们才能去判断孩子的问题。对于我们来说，要想正确地了解一个孩子的生活方式以及他正在努力的方向，那么每个组成部分对于我们来说都是很重要的。

有的时候也会出现这样的情况：一名环境适应性强的儿童在学校里碰到新的处境时，可能也会显得不适应。这种情况通常都是在一名儿童进入了一个学校、而老师和同学们对他都非常不友好的时候才会发生。我们不妨以欧洲的情况为例。一名不是贵族的儿童，被很有钱并且自命不凡的父母送到一所贵族学校去上学。由于这个孩子并非出身于贵族家庭，因此其他同学都对他很不友好。他原本是一个受到溺爱，或者起码来说也是安逸地适应了环境的孩子，却突然发现自己陷入了一种非常不友好的氛围当中。有的时候这些同伴们的恶毒言行会达到非常严重的程度，一个孩子是绝对难以承受得住的。在绝大多数情况下，孩子回家后完全不会提起这件事，因为孩子觉得说出来丢人。孩子会在沉默中承受此种可怕的折磨。

这种儿童到了十六岁或者十八岁之后，通常就不再会进步，因为他们已经丧失了勇气和希望。十六岁或者十八岁是他们必须像成年人一样去面对社会，去正视种种人生问题的年纪。而且，伴随着他们在社交方面的障碍，还有他们在爱情与婚姻方面的障碍，因为他们没有能力继续勇往直前了。

我们又该如何来应对这些情况呢？这些人都没有宣泄自身精力的途径。他们都很孤僻，或者觉得自己与整个世界隔离开来了。那种想要通过伤害自己来伤害别人的人，可能就会自杀。另一方面，还有一类人则不想让别人看见他们，他们会躲到精神病院里去，甚至连以前拥有的寥寥几种社交本领，他们也都会丧失掉。他们不会用我们常见的方式说话，不会接近其他人，并且始终都与整个世界对着干。这种状态我们就称之为精神分裂、精神错乱。要想帮助这种人，我们必须找出一种办法来让他们恢复勇气。他们都是一些非常棘手的病人，不过他们都是可以治愈的。

由于治疗和纠正儿童在教育方面的问题主要取决于我们对儿童生活方式的识别，因此，在这里我们不妨再来回顾一下"个体心理学"为了进行此种识别而开发出来的那些方法。除了教育领域，识别生活方式对其他诸多方面也非常有用，但它在教育实践当中是一个很基本的步骤。

除了在性格成形阶段对儿童进行直接的研究，"个体心理学"还会运用询问早期记忆和关于未来职业的幻想、观察姿态和肢体动作，以及从儿童在家中排行中获得某些推断等方法。这些方法，我们在前文中全都已经论述过了。不过，我们在此可能有必要再次强调儿童在家中的排行问题，因为这一点与其他方法相比，跟儿童在教育方面的成长具有更加紧密的关联。

我们已经看到，儿童在家中排行这个问题中的最重要的一点，就是长子长女都曾在一段时间内处于独子的位置，可后来被赶下了这一位置。长子曾享有极大的权力，后来却丧失了这种权力。另一方面，其他孩子的心理状态也是由他们不是长子长女这个事实所决定的。

在身为长子长女的儿童当中，我们经常会发现一种普遍的保守观点。他们都觉得掌权者就应当一直掌权。他们丧失自身的权力只是一种意外，因而他们都特别羡慕那种权力。

家中次子所处的境况则完全不同。次子在成长的过程当中并不是家人关注的重心，而是总有一个"领跑者"在他的前头。次子始终都想要与这个"领跑者"并驾齐驱。次子不会承认长子的权力，并希望那种权力能够转到他自己的手中。次子有一种向前的动力，就像是在赛跑一样。次子的所有行为都表明，他正紧盯着前面的某个地方，想要赶到那个地方。他始终都在试图改变科学法则和自然法则。次子其实具有一种革命精神，虽说在政治领域里不会如此，但在社交生活以及对待同胞的态度上，却是这样。我们有一个鲜明的例子，那就是《圣经》中关于雅各和以扫两人的故事。

倘若在几个孩子都差不多长大成人了的时候，家中又有了一个孩子，那么最小的孩子就会发现，自己的处境与家中的长子很相似。

从心理学的角度来看，家中幼子的位置是极其值得我们去关注的。我们所说的"幼子"，自然是指年纪始终都是家里最小的、再也没有弟弟妹妹的那种孩子。这种儿童处于一种非常有利的位置，因为他永远都不可能被人赶下这一位置。家中的次子有可能被弟弟妹妹赶下其位置，因此有时也会经历长子那样的不幸。可这种情况，在幼子的人生当中却永远不会发生。所以幼子的处境是最为有利的。倘若其他情况都相同，那么我们就会发现，幼子的成长环境往往最为良好。幼子与次子有相似之处，因为二者都精力十足，并且试图胜过其他的孩子。幼子的前面也有需要他去超越的那种"领跑者"。不过，总体来看，幼子会走上一条完全不同于其他家人的道路。倘若生于科学世家，那么幼子很可能会成为一位音乐家，或者是一位商人。倘若生于商人世家，那么幼子可能就会成为一位诗人。幼子始终与众不同。这是因为，不与其他家人在同一领域展开竞争，而是到另一个领域里去努力，做起来更加容易。也正是由于这个原因，幼子才喜欢走一条与其他家人不同的道路。很显然，这就是一种迹象，表明幼子多少有点儿不够勇敢，因为这样一个孩子若是勇敢无畏的话，他就会与家中的其他孩子在同一领域里一较高下。

值得注意的是，我们根据儿童在家中排行而做出的这些预测是通过性格倾向的形式表达出来的。这些性格倾向并没有什么必然性。事实上，如果长子很聪明的话，他可能根本就不会被次子打败，从而不会遭受任何的不幸。这种孩子都具有良好的社会适应性，而其母亲也很可能已将孩子的兴趣扩展到了别人身上，其中就包括家里刚刚出生的弟弟或妹妹。另一方面，倘若家中的长子的确不可战胜，那么这种情况对于次子来说，就会是一个更加严重的问题了。因此，这种次子可能就会变成问题儿童。到头来，这样的次子就会变成最糟糕的一类人，因为他们经常会失去勇气和希望。我们都知道，参加赛跑的孩子始终都必须心存获胜的希望才行，倘若没有了这种希望，就会满盘皆输。

家中的独子也会有自己的不幸，因为他在儿童时期一直都是家人关注的重心，而他的人生目标也始终都是成为关注的焦点。这种儿童的思维遵循的并不是逻辑的原则，而是自身生活方式的原则。

在一个女孩子多的家里，唯一的儿子的处境也会很艰难，并且会构成某种问题。人们通常都认为，此种男孩的行为举止会带有一种姑娘气。不过，这种观点其实是很夸张的。毕竟我们都是在女性的教育下长大的。这种男孩会面临一定的困难，因为在此种情况下，整个家庭都是以女性为主体的。走进一户人家，我们马上就能够看出，这户人家是男孩子多，还是女儿多。房中家具的摆设不同，吵闹的气氛不同，而整个家里的整洁程度也不一样。若是儿子多，那么家里被打破的东西就会较多；倘若女儿多，那么家里的一切就会干净得多。

处在女多男少的环境里的男孩子，可能会努力显得自己更像是一个男子汉，并且夸大自身性格当中的这种特征。不然的话，他可能真的就会变得像其他家人一样女性化。简而言之，我们会发现这种男孩子要么性格软弱、温柔和顺，要不然就是非常粗野。在后一种情况下，实际上是在证明和强调他是一个男人。

倘若家中全是儿子，只有一个女儿，那么这个独女的处境也会同样艰难。她要么是非常安静温顺，并且非常女性化，要么就会想要去干男孩子干的一切，并且像男孩子一样成长。在这种情形下，她的那种自卑感是非常明显的，因为她是唯一的姑娘，却身处男孩子们占有优势的一种环境当中。她的自卑情结就存在于她觉得自己只是一个姑娘的这种感受当中。"只是"一词，就表达出了整个自卑情结。这种女孩子想要像男孩子那样穿着打扮，并且在日后的生活当中总想有她觉得男人们所有的那种性关系。此时我们就能看出，她身上形成了一种补偿性的自大情结。

我们可以用家中第一个孩子是儿子、第二个孩子则是女儿这种罕见的情况来结束我们对于儿童在家中排行这一问题的论述。在这种情形下，兄妹二人之间往往存在着一种激烈的竞争。不仅因为她是家中的老二，还因为她是一个女孩，所以她会被迫前进。她会进行更多的锻炼，因而会变成一种非常显著的老二类型。她会精力充沛、非常独立，而哥哥则会注意到在这场比赛当中，妹妹总是离他越来越近。众所周知，女孩子在生理和心理两方面都要比男孩子发育得更加迅速，这是事实。比如说，一个十二岁的小姑娘，要比同龄的男孩子成熟。哥哥会看到这一点，却不知道为什么会这样。于是，他就会感到自卑，从而产生一种想要放弃竞争的意愿。这样，哥哥就不再会进步了。相反，他会开始寻找逃避的办法。有的时候，他会在艺术方向找到逃避之道。而另一种情况则是变成神经错乱患者、犯罪分子或者精神病人。他觉得自己不够强大，无法继续与妹妹展开竞争。

这种情况，即便是带着"每个人都能成就一切"的观点，我们也是难以解决的。我们能够做到的主要一点就是向哥哥说明，就算是妹妹貌似领先，那也只是因为她锻炼得更多，并且通过锻炼找到了更好的成长方法。我们也可以努力加以引导，尽可能让兄妹二人都进入那种不具竞争性的领域，从而消除他们之间那种激烈竞争的氛围。

第九章　社会问题与社会适应性

　　"个体心理学"的目标就是培养人们的社会适应性。这一点看似矛盾，可就算是矛盾，那也不过是说起来显得如此罢了。事实就是，只有关注个人具体的心理生活，我们才能认识到这种社会性因素极为重要。只有身处社会环境当中，个人才会真正成为一个个人。其他一些心理学体系会把它们所谓的"个人心理学"与"社会心理学"区分开来，可在我们看来，却并不存在这样的区别。我们迄今为止所进行的讨论，都是试图去分析个人的生活方式。可这种分析始终带有一种社会性的观点，而目的也是为了将其应用到社会中去。

　　现在我们继续进行分析，但会更加强调社会适应性方面的问题。我们即将讨论的种种现实情况都是相同的，但我们不会把注意力集中在识别个人的生活方式上，而是会讨论那些正在发挥作用的生活方式，以及促使它们发挥出恰当作用的种种方法。

　　对于社会问题的分析直接基于我们对于教育抚养问题的分析，后者正是我们上一章讨论的主题。学校与幼儿园都属于微型的社会机构，而在这两种机构里，我们就可以就其简化的形态来研究不适应社会方面的问题了。

　　以一名五岁男孩的行为问题为例。有位母亲来找医生诉说她的儿子一刻都不安宁，过度活跃，非常令人恼火。她始终都得把心思放在儿子身上，因此一天过完之后，她总是精疲力竭。她说自己再也忍受不了这个儿子了，情愿将儿子送出家去，要是这样一种办法可取的话。

从这些行为方面的具体情况来看，我们很容易与这个小男孩"产生同感"。也就是说，我们很容易设身处地将自己放到他的位子上。倘若听说哪个五岁的孩子过度活跃，那么我们就很容易想到，这个孩子的行为准则是什么。任何一个人，要是处于那个年纪，并且活泼好动的话，又会干些什么呢？他会穿着笨重的鞋子，爬到桌子上去；他总是会喜欢脏兮兮地到处乱跑；假如母亲想要看会儿书报，他就会玩台灯，把灯开了关、关了开；再者，要是父母想弹一会儿钢琴，或者想要一起唱唱歌，这种男孩子又会做出什么样的事来呢？他会大喊大叫。要不然的话，他就会捂住耳朵，坚持说他不喜欢听这样的噪声。倘若没有得到自己想要的东西，他就会乱发脾气。他总是想要点儿什么东西。

如果在幼儿园里看到这种行为，那我们就可以肯定地说，这种男孩子想要抗争，并且他所做的一切全都是为了引发一场争吵。他日夜都不安宁，而父母总是疲惫不堪。这种男孩子不知疲倦，因为跟父母不一样，他无须去做自己不想做的事情。他只是想要一刻都不安生，只是想要让别人忙得团团转。

一件特殊的小事就会充分说明这个小男孩是如何为了变成关注的焦点而抗争的。有一天，父母带他去听音乐会。在这场音乐会上，他的父母将会演奏钢琴并献唱歌曲。在他们演唱一首歌曲的过程中，这个小男孩大声喊道："喂，爸爸！"并且在音乐厅里到处乱跑。我们可以预料到这一点，他的父母却不明白，儿子为什么会那样做。尽管事实上儿子的行为很不正常，可他们认为儿子是一个正常的孩子。

然而在下述这个方面，小男孩却是正常的：他拥有一个非常聪明的人生计划。他的所作所为都是恰当的，都与他的人生计划保持着一致。

倘若看出了这种人生计划，我们就可以推断出由此导致的种种行为来。因此。我们可以断定，他并不是一个智力障碍的孩子，因为智力障碍者是绝对不会怀有一个聪明的人生计划的。

当他的母亲想要好好与来访的客人聚上一聚的时候，这个小男孩会把客人推下椅子，并且客人想坐哪张椅子，他就会想要占着哪把椅子。这种做法也是与他的目标和原型相一致的。他的目标，就是控制和左右别人，并且始终让父母把注意力全都放在他的身上。

我们可以断定，他以前是一个被父母娇惯坏了的孩子，而要是再次受到父母溺爱的话，他就不会抗争了。换言之，他就是一个丧失了曾经拥有的那种有利处境的孩子。

他是如何丧失这种有利处境的呢？答案就是父母一定又给他生了一个小弟弟或者小妹妹。因此，他就是一个年纪才五岁，却进入了一种新处境，觉得自己失了势，因此抗争着想要继续占有他认为自己已失去的那种重要核心位置的孩子。正是出于这个原因，他才总是让父母为他忙得团团转。此外还有一个原因。我们可以看出，这个男孩子还没有做好进入新处境的准备，而他在宠儿这个位置上也从未培养出什么集体感来。因此，他就是一个没有社会适应性的孩子。他只关注自己，一心只想着自己的幸福。

当我们询问小男孩的母亲，他待自己的弟弟如何时，母亲却坚称他很喜欢弟弟，只是每次与弟弟玩耍的时候，他总是把弟弟撞倒在地。很遗憾地说，我们不能认为这种行为是爱的表示。

为了充分理解这种行为的意义，我们应当将其与我们经常碰到的那种正在抗争、却不会不断抗争的儿童的情况进行比较。儿童都很聪明，不会总是抗争，因为他们都知道父母不会让他们一直争下去的。因此，这种儿童就会时不时地停止争斗，继续表现出他们的良好行为。不过，老毛病是会重犯的，就像下述这种情况一样：在与弟弟玩耍的过程中，他会把弟弟撞倒在地。他在玩耍当中的目标，实际上就是把弟弟撞倒。

注意这个小男孩对母亲的行为又如何呢？要是母亲打他屁股的话，他要么是大声笑着，总说打屁股一点儿也不疼；要是母亲打得厉害一点儿的话，他就会安静一阵子，可最终过不了一会儿，他又开始吵闹起来。我们应当注意到，这个男孩的所有行为都受到了其目标的制约，而他所做的一切也都是恰当地指向这个目标的。这样，我们就可以预料到他的行为了。倘若原型不是一个统一体，倘若我们不了解原型的活动目标，那么我们就无法预料到他的这些行为了。

想象一下这个小男孩开始自己人生时的样子吧。他会去上幼儿园，而我们也可以预料到他在幼儿园里的情况。假如这个小男孩被父母带去听音乐会，我们也可以预料到他在音乐会上的表现，就像他的实际表现一样。一般来说，在一种竞争性很弱的环境里，他会占据主导地位；而若是处在一种比较棘手的环境里呢，他就会通过抗争来占据主导地位。因此，如果幼儿园里的老师很严厉的话，他在幼儿园里待的时间很可能就会缩短。在那种情况下，这个小男孩可能会试图寻找逃避的方法。他可能会陷入一种持久的紧张状态当中，而这种紧张又有可能让他有头疼、失眠等症状。这些症状，就是神经错乱的最初迹象。

另一方面，倘若所处环境温和而令人愉悦，他可能就会觉得自己是众人关注的焦点。在这种情况下，他甚至有可能成为整个幼儿园里的领头人物，成为一个真正的胜利者。

幼儿园是一种社会机构，也具有种种社会性的问题。一个人必须做好应对这些问题的准备，因为他必须遵守各种社会法则。儿童必须被培养成为能够对这个小小的社会有用的人，而除非去更关注别人，而不那么关注自己，否则的话，他就不可能有益于这个小小的社会。

在公立学校里，也会再次出现相同的情形，因此我们也想象得出，这种男孩子到了学校后会出现什么样的情况。在私立学校里，情况可能会比较容易对付一点儿，因为私立学校里的学生人数通常都较少，从而使得老师可以更多地去关注他。或许在这样一种环境里，没人能够注意到他是一个问题儿童。或许人们甚至还有可能这样评价说："他是我校最聪明的男生，也是我校最优秀的学生。"倘若他是班长，那么他在家里的表现也有可能发生变化。可能只需要在一个方面胜过别人，他就心满意足了。

倘若一名儿童的表现在上学之后有所改善，那么在这种情况下，我们可能就会想当然地认为，这名儿童在班上肯定是处于一种有利的境遇，并且觉得自己比别的孩子强。然而，相反的情况也经常出现。在家里深受宠爱和非常听话的那种孩子，到了学校之后却经常会在班上捣乱。

在上一章里，我们已经指出，学校生活是家庭生活与社会生活之间的一个中间阶段。应用这一原则，我们就能预见到这种类型的男孩子走出学校、进入社会生活之后会是个什么样子。社会生活不会给他在学校里有时可能拥有的那种有利条件。一些在家里和在学校里表现都非常出色的孩子，在日后的社会生活当中最终却变得一事无成，看到这一点，人们经常都感到惊讶，觉得无法理解。我们周围就有一些问题成人，他们的神经错乱症日后可能还会发展成精神病。没有人理解这种情况，因为在成年之前，这种人的原型一直都被有利的处境掩盖了。

正是由于这个原因，我们才需学会去理解一个人处于有利条件之下时的那种错误原型，或者起码来说，也要认识到可能存在这样一种错误的原型，因为在此种情况下，辨识出错误原型是极为困难的。有几种迹象可以看成是一种错误原型的明确标志。一名想要吸引别人关注、缺乏社会兴趣的儿童，身上经常会邋里邋遢的。通过邋遢，他会让别人把时间全都花在他的身上。这种儿童到了晚上可能也不想去睡觉，会哭闹不止或者尿床。他会假装焦躁不安，因为他已经注意到焦虑是一种武器，可以用来迫使别人去听他的话。所有这些迹象都会在有利处境中暴露出来，而通过寻找这些迹象，我们就很有可能得出正确的结论。

我们不妨来看一看，把错误原型带入日后生活当中的这种男孩子到了快要成年，即十七八岁时的情况。他的身后是一片广袤的人生荒野。我们是不太容易来判断这片荒野的，因为它不是很清晰。我们也不太容易看出这种人的目标与生活方式。不过，面对生活之后，他却必然会碰到我们所称的人生三大问题，即社会问题、职业问题、爱情与婚姻问题。这些问题源自我们生存当中必然具有的种种关系。社会问题涉及我们对待他人的行为、我们对待人类和人类未来的态度。这个问题涉及了人类的延续与救赎。因为人类的生活很有局限性，我们只有团结起来才能继续生存下去。

至于职业，我们可以从这个男孩子上学时的表现判断出来。我们可以肯定地说，假如这个男生带着一种要胜过别人的念头去寻找一种职业，那么他就很难获得这样一种职位的。我们很难找到一种不要服从他人或者不需与他人共事的职位。由于这个男孩子只关心自己的幸福，因此，倘若处于一种从属位置，他是绝对不会与别人和谐相处的。而且，最终结果会表明，这种人在业务上也不是很可靠。他绝对不可能让自身的利益服从于公司的利益。

总体来看，我们可以说，在一种职业中获得成功，取决于一个人的社会适应性。在商业领域里，能够理解邻居和客户的需求，能够设身处地观其所见、听其所闻、感其所感，是一种巨大的优势。这样的人会勇往直前，我们正在研究的这个男孩子却不可能这样，因为他追求的始终都是一己之私利。他只能培养出前进所必需的一部分品质。因此，他在职业领域里常常都会失败。

在绝大多数情况下，我们会发现，这种人始终都没有做好从事某种职业的心理准备，或者说，至少也要到很晚才会开始从事一种职业。此时，他们可能已经三十岁了，却仍然不知道自己在人生当中究竟打算干些什么。在学习中，他们会经常从一门课程转向另一门课程，而在工作中，他们也会经常从一个职位跳槽到另一个职位。这是一种说明他们不管怎样都无法适应环境的迹象。

有时我们会发现，一个十七八岁的年轻人虽说正在努力，却不知道要干什么。能够理解这种人，并且在职业选择方面给予他们建议，这一点非常重要。因为在这个年纪，这种人仍然能够从头开始关注某个方面，并且进行恰当的训练。

另一方面，发现一个到了这个年纪的小伙子仍然不知道自己在日后的人生当中想要干什么，那么，这种情况就相当令人困惑了。这种人，往往都是那种不会有所成就的人。家庭内部和学校都应当做出努力，让男孩子们在到达这个年纪之前就能够关注自己未来要从事的职业。在学校里，我们可以给学生布置作业，让他们写主题作文，比如"我在未来人生中想要干什么"。倘若要求他们根据这种主题去写作文，那么他们肯定就会面对这个问题。否则的话，他们面对这个问题的时候，可能就为时已晚了。

年轻人必须面对的一个问题，就是爱情与婚姻的问题。由于我们是以两性形式生存的，因此这是一个十分重要的问题。倘若我们都是同一种性别，情况就会大为不同。既然如此，我们就必须训练自己对待异性的行为方法。我们将在后面的章节中详细地讨论爱情与婚姻的问题，因此在这里，我们只需说明它与社会适应性问题之间的联系就可以了。导致人们不适应社会问题和职业问题的罪魁祸首就是缺乏社会兴趣，而这一点，同样也是导致人们普遍无法正确地面对异性的原因。一个完全以自我为中心的人是不会恰当地做好应对婚姻的心理准备的。事实上，性本能的主要目标之一，似乎就是为了让个人摆脱自身那种狭隘的矜持之心，并且让他做好社交生活的准备。不过，从心理学来看，我们却必须对性本能做出让步，因为除非我们预先有意忘掉自我，并且让自我融入一种范围更加广泛的生活中去，否则的话，性本能就无法正确地发挥出作用。

现在，对于我们一直都在研究的这个男孩子，我们就可以得出一些结论了。我们已经看到，他站在人生三大问题面前，既深感绝望，也害怕自己会遭遇失败。我们已经看到，他的那种优势目标已经尽可能地把所有的人生问题都排除在外。那么，他还剩下什么呢？他不会去参加社交活动，他对别人会心存敌意，他会非常多疑、非常孤僻。由于不再关注别人，因此他并不在意自己在别人面前的形象，因此他经常会衣衫不整，身上也会脏兮兮的，全然是一副精神病患者的模样。我们都很清楚，语言是一种必要的社交工具，可我们研究的这个男孩子不希望运用语言。他完全不会说话，而这种性格特点，也正是我们在精神分裂症患者身上看到的那种特点。

由于被一种自我强加的障碍所阻，无法去应对所有的人生问题，因此这个男孩子的成长道路就会径直通往精神病院。他的优势目标会导致他完全孤立起来，不去接触别人，并且会改变他的性冲动，使得他不再是一个正常的人。我们会发现，有的时候他想要飞往天堂，以为自己是耶稣基督。通过这种方式，他表达出了自己的优势目标。

正如我们经常提及的那样，归根结底，所有的人生问题都属于社会问题。我们看到，社会问题会在幼儿园、公立学校、友谊、政治、经济生活等领域表达出来。很显然，从社会的角度来看，我们的所有本领针对的都是为人类所用这个方面。

我们都知道，缺乏社会适应性始于原型。问题就在于，在为时已晚之前，如何去纠正这种欠缺。假如能够告诉天下的父母，如何去防止孩子原型中出现种种严重的错误，如何判断原型中错误的那些细微表达，以及如何去加以纠正，那么，这将是一件好处无尽的事情。可事实上，用这种方式，我们却不可能获得多少成功。很少有父母乐意去了解错误和避免犯错。他们对心理学和教育方面的问题都不感兴趣。他们要么是溺爱孩子，并且对那些不把他们的孩子当掌上明珠看的人心存敌意，要么就是完全不关心自己的孩子。因此，经由他们是达不到什么效果的。而且，我们在短时间内也不可能让他们获得良好的理解力。将应该了解的知识告诉他们并向他们提出建议，需要耗费大量的时间。因此，请一位医师或者心理医生来解决这一问题，要比那样有用得多。

除了医师和心理医生的个人努力，我们还通过学校和教育，才能获得最佳的效果。原型中的错误通常要到一名儿童上学之后才会暴露出来。一位已经掌握了"个体心理学"所用方法的老师，会在很短的时间内就注意到一种错误的原型。她可以看到，一名儿童究竟是与其他同学打成一片呢，还是希望通过出风头来变成众人关注的焦点。她还会看出，哪些孩子很勇敢，哪些孩子不勇敢。一位教导有方的老师，在孩子上学后的第一个星期里，就能够了解到孩子原型当中存在的错误。

从他们社会功能的本质来看，教师更有能力去纠正儿童所犯的错误。人类之所以设立学校，就是因为家庭不能教育孩子正确地去满足生活中的种种社会需求。学校是家庭的延伸。也正是在学校里，一名儿童的性格会得到极大的塑造，从而让他学会去面对人生中的各种问题。

我们需要做的就是：学校和教师都应当具有心理洞察力，从而使得他们能够恰当地履行自己的职责。到了将来，我们肯定会更多地依据"个体心理学"的原则来管理学校，因为学校的真正目标，就是塑造学生的性格。

第十章　社会感、常识与自卑情结

　　我们已经看到，不适应社会的现象，是由自卑感和追求优越的一系列社会后果导致的。自卑情结和自大情结这两个术语其实已经表达出了一种不适应现象发生之后出现的后果。这两种情结并不是生来就有的，也不是遗传得来的。它们完全是在一个人与其所处的社会环境之间进行相互作用的过程中产生的。这两种情结为什么没有在所有的人身上出现呢？所有的人都怀有一种自卑感，都有一种努力获得成功与优势的追求。它们结合起来组成了一个人的精神生活。而并非所有人身上都具有这两种情结的原因则在于，有一种心理机制对他们的自卑感与优越感进行了约束，将二者纳入了对社会有益的渠道。形成这种心理机制的源头，就是社会兴趣、勇气和常识逻辑。

　　我们不妨来研究一下这种机制发挥功能与丧失功能时的情况。我们都知道，只要心中的自卑感不是太过严重，一名儿童始终都会努力去变得有所价值，并且留在人生当中有益的一面。这种儿童为了实现自己的目标，就会去关注别人。社会感和社会适应性就是两种正确和正常的补偿手段。从某种意义上来说，任何人——无论这个人是儿童还是成年人——对优越的追求都不可能不导致这样的发展。我们永远不可能看到，一个人会真诚地这样说："我对别人不感兴趣。"虽说一个人有可能如此行事，有可能表现得仿佛对整个世界都不感兴趣似的，他却无法说出这样做的正当理由来。相反，一个人更有可能宣称自己关注别人，以便隐藏他缺乏社会适应性的事实。这一点正是一种无声的证据，说明社会感具有普适性。

尽管如此，但人们确实会出现一些不适应社会的情况。我们可以通过思考一些情形来研究社会不适应性的根源。在这些情形中，虽说存在一种自卑情结，但由于所处环境有利，所以这种自卑情结并没有公开表达出来。那样的话，自卑情结实际上是隐藏起来了，或者起码也表现出了隐藏这种情结的倾向。因此，倘若一个人没有面临某种困境，那么他看上去可能就会显得彻底满意。不过，倘若细究我们就会看出，这个人其实是表达出了他觉得自卑的这一事实。就算不是用语言或者观点表达出来的，至少也会在态度上表达出来。这就是一种自卑情结，就是怀有一种夸张的自卑感所导致的结果。深受这样一种情结折磨的人，往往都是用以自我为中心的做法，努力想要摆脱他们强加于自身的种种重负。

看到有些人会掩饰他们的自卑情结，别的人却会坦白说"我有一种自卑情结，非常痛苦"是很有意思的一件事情。承认怀有自卑情结的人，往往都对自己坦白承认这一点感到得意。他们觉得自己比别人了不起，因为他们坦白了一切，别人却做不到这一点。他们会对自己说："我很诚实。对于自己痛苦的原因，我没有撒谎。"不过，就在承认怀有自卑情结的同时，他们其实也暗示出，自己的这种处境是人生当中某些问题或者其他情况造成的。他们可能会说起自己的父母或者家人，说起自己没有受到良好的教育，说起某桩意外事件、某种剥夺感、压抑感或者其他的东西。

自卑情结经常可以被一种自大情结所掩饰，后者发挥的是一种补偿作用。这种人都傲慢自大、粗鲁无礼、自命不凡，并且势利得很。他们更加强调表面功夫，而不是强调行动。

在这种人早期的追求当中，我们可以看到一种怯场的心态，而到了后来，他们又会把这种心态当成自己遭遇所有失败的理由。他们会说："如果不怯场的话，我什么事情做不到啊！"这些带有"如果"的话语背后，通常都隐藏着一种自卑情结。

一种自卑情结，也可以在像狡诈、谨慎、迂腐、不愿面对比较重大的人生问题、寻求一种有诸多原则与规矩约束的狭窄行为领域等性格特点中表现出来。假如一个人始终都拄着拐杖，那么，这也是他怀有自卑情结的一种迹象。这种人信不过自己，而我们也会发现，他会培养出种种非常古怪的兴趣。他往往会一心去干一些没有什么意义的事情，比如收集报纸或者广告。他们这样做，浪费了自己的时间，并且往往还会给自己找借口。他们在人生中无益一面进行的训练太多。若是长久持续下去的话，这种训练还会导致他们患上强迫性神经官能症。

自卑情结通常都隐藏在所有的问题儿童身上。不管这些儿童表面上呈现出来的是哪种类型的问题，都是如此。所以，懒惰实际上就是不愿面对那些重大的人生任务，因而是一种情结的标志。偷窃实际上是利用别人的大意或者不在场；撒谎就是没有勇气说实话。儿童身上的这些表征，其中的核心全都是一种自卑情结。

精神病是自卑情结的一种高级形式。当一个人患有焦虑性神经质而痛苦不堪的时候，什么事情都能做出来。他可能会不停地要求某人陪伴他。如果做到了这一点，他成功地达到了自己的目。他会由别人来供养，并且让别人把心思全都放在他的身上。在这里，我们就会看到一种自卑情结向一种自大情结转变的过程。别人必须为他服务！在让别人为他服务的过程中，神经质患者变成了占有优势的人。在精神病患者身上也体现出了一种类似的演变过程。因自卑情结所导致的那种排斥策略而被迫陷入困境之后，精神病患者便会利用想象的方式，通过自以为是了不起的人物而成功地实现自己的目标。

在形成了情结的所有这些状况里，心理机制功能之所以不能通过社会性的和有益的途径发挥出作用，原因就在于个人缺乏勇气。正是这种欠缺的勇气阻碍了一个人去遵循社会发展的进程。与缺乏勇气相伴相生的，则是一个人在智力上无法理解社会发展进程的必要性与实用性。

这一切，在违法犯罪者的行为当中表现得最为清晰，因为违法犯罪者实际上都是最为显著的自卑情结患者。违法犯罪者既胆小怯懦，又愚蠢无比。他们的胆小怯懦和在社交方面的愚蠢一起形成了同一种性格倾向的两个组成部分。

我们也可以根据同样的原则来对酗酒者进行分析。醉鬼都希望逃避自己面临的问题，并且极为怯懦，对来自于人生当中无益一面的解脱感到相当满意。

这种人的思想观念和人生观与社会性常识形成了鲜明的对照。这种社会性常识是与正常人身上的种种勇敢态度相伴而生的。比如说，违法犯罪者总是给自己找借口，或者是把责任归咎给别人。他们会说种种劳动都让他们无利可图。他们会说，社会很残酷，没有供养他们。或者，他们还会说自己要解决温饱问题，不能被别人呼来喝去。而在接受审判的时候，他们往往会寻找借口，就像残忍杀害儿童的希克曼所说的那样："我是按照上天的旨意才那样做的。"另一名凶手在接受审判的时候，曾经这样说："我杀掉这个男孩子又有什么用呢？还有成百上千万其他的男孩子呢。"再者，就是所谓的"哲学家"，这种人宣称，当许多有用之人正在挨饿时，杀掉一位有钱的老太太并没有什么坏处。

这些论调的逻辑在我们看来是相当无力的，而且事实上也是站不住脚的。他们的整个观点，都受到了他们那种无益于社会的目标的制约，就像他们选定那种目标是受到了他们缺乏勇气这一点所制约的一样。他们始终必须给自己找出正当的理由来，而若是确立了一种有益于人生的目标，那么我们非但无须说出来，而且也无须去寻找任何支持这一目标的理由。

　　我们不妨来看一看几个实际的临床病例，它们说明了一些社会态度与目标是如何转化成了种种反社会的态度与目标的。我们的第一个病人是一个差不多十四岁的姑娘。她是在一个诚实的家庭里长大的。她的父亲是一个工作努力的人，只要干得动活，就一直挣钱养家，后来却生病了。她的母亲是一个心地善良、诚实正直的女性，非常关心自己的六个孩子。其中，第一个孩子本是一个非常聪明的姑娘，却在十二岁那一年夭折了。第二个女儿一出生就病恹恹的，可后来恢复了健康，并且找了份工作，帮着父母养家。接下来就是第三个女儿，也就是我们正在讨论的这位姑娘。这个姑娘的身体一直都很健康。由于母亲始终都在忙于照料生病的大女儿、二女儿和丈夫，因此没有花太多的时间在这个姑娘身上。我们可以叫她安妮。她还有一个小弟弟，非常聪明，但体弱多病。结果，安妮发现自己夹在那两个非常受母亲宠爱的孩子中间。虽说她也是个心地善良的孩子，可她觉得自己不像其他孩子那样受父母疼爱。于是，她便愤愤不平，认为自己被忽视了，觉得压抑起来。

　　然而，在学校里安妮的学习情况很好。她是全校最优秀的学生之一。由于学习成绩优异，老师便建议她继续读下去，于是，她十三岁半便上了高中。到了高中之后，她发现新换的老师并不喜欢她。或许是因为一开始的时候，她的成绩并不那么优异。但不管如何，由于不受老师器重，所以她的成绩便越来越差。受到以前那位老师器重的时候，她从来都不是一名问题儿童。她不但成绩优异，也很受同学们的喜爱。一位个体心理学家可能明白，从她交友方面的情况来看，即便是在那种情况下，她也是有问题的。她总是在指责自己的朋友，并且始终都想要左右他们。她希望自己是大家关注的重心，希望听到别人的奉承，却永远都不希望被人批评。

　　安妮的目标就是受到重视、受到青睐和受到关注。她发现自己只有在学校里才能做到这一点，在家里却不行。但是，到了新学校之后，她发现自己在学校里也没人赏识了。老师责骂她，坚持说她没有预习功课，给她的评语很差，因此她最终开始逃课，并且一连好几天都不去上学。等她再回学校后，情况越发糟糕了，因此那位老师最终提出要开除她。

然而开除她的做法完全于事无补。这种做法只是说明，学校和老师承认自己无能力解决这一问题。但如果解决不了问题，那么他们就应当叫别人来解决，因为别人没准能够解决。或许，与她的家长沟通过之后，也可以安排她到另一所学校里去试一试。或许，学校里可能会有别的老师能够更加充分地理解安妮。不过，她的老师却没有那么去想，她只是这样认为："一个孩子如果逃学，成绩差，就必须被开除。"这样一种思维属于个人智力的表征，而不是常识的表现形式。可在我们看来，一名老师应当具有常识才行。

我们可以推断出接下来的情况。这个小姑娘失去了人生当中的最后一根救命稻草，觉得一切都在弃她而去。由于被学校开除了，所以她连家里来自父母的那一点儿青睐也丧失殆尽。这样，她就既不愿待在家里，也不愿去上学了。她失踪了几天几夜。最后，事态竟发展到她与一名士兵谈起了恋爱。

我们很容易理解她的行为。她的目标是受到重视，而到此时为止，她也一直都是朝着人生中有益的一面进行训练的。可如今，她却在人生中无益的一面开始训练了。那名士兵起初很赏识她，也很喜欢她。然而，后来家里收到了她的来信，说她怀孕了，并且说她想服毒自杀。

写信给自己的家人的做法与她的性格特点是一致的。她一直都在朝着自以为能够获得别人重视的方向转变，并且一直这样转变着，最终回到了家里。她明白自己的母亲此时正深感绝望，因此她不会受到母亲的责骂。她觉得家人只要再次找到她，就会高兴得既往不咎了。

在治疗这种病例的过程中，我们怀有认同感，即具有那种带有同情心、将自己放在他人的处境之中的能力是十分重要的。在这个病例中，患者是一个希望受到重视并且朝着这个单一目标奋力前进的人。假如想要认同这样一个人的话，我们就应当问问自己："我会怎样做呢？"对于性别和年龄两个方面，我们都应当加以考虑。我们始终应当尽量鼓励这种人，当然应该是鼓励她朝着人生当中有益的一面成长。我们应当努力让她做到这一点，使得她能够这样说："或许我应当换个学校，我并不是个差生。或许是我没有进行充分的训练，或许是我没有正确地去看待，或许是我在学校里表现出了太多的个人想法，而没有理解老师。"倘若能够获得勇气，那么一个人就能学会在人生当中有益的一面去进行训练了。正是欠缺与自卑情结相关联的这种勇气，才会毁掉一个人。

我们不妨将另一个人放在这个姑娘的位置上。比如说，一个男孩子到了她这个年纪，可能会变成一个违法犯罪的人。这种情况屡见不鲜。假如一个男孩子在学校里失去了勇气，那么他很可能会误入歧途，变成犯罪团伙中的一员。这种行为是很容易理解的。丧失希望与勇气之后，他会开始上学迟到，会伪造请假条上的家长签字，会不完成家庭作业，会寻找能够让他逃学的地方。在这些地方，他会找与他经历相同的同伴。于是，他就会变成团伙中的一员。他会对上学完全失去兴趣，并且会日益形成一种个人化的认识来。

自卑情结通常都与人们认为一个人没有什么特殊才能的观点紧密相关。这种观点认为，有些人很有天分，而其他人没有天分。这种观点，本身就是一种自卑情结的表达。在"个体心理学"看来，每个人都能成就一切。因此，倘若一个男孩子或者女孩子对遵循这条原则不再抱有希望，觉得无法实现自己那种有益于人生的目标，那么这就是一种迹象，说明他们已经形成了一种自卑情结。

我们相信性格特点具有遗传性，其实这也是自卑情结的一部分。如果这种观念确实正确，成功完全取决于天生的才能，那么心理学家就会一事无成了。然而实际上，成功却取决于一个人的勇气。因此，心理学家的使命，就是把这种绝望感变成一种聚积力量来从事有益工作的、充满希望的感觉。

有的时候，我们会看到一个十六岁的小伙子被学校开除之后，会出于绝望而自杀。自杀是一种报复行为，即一种对社会的谴责。自杀就是这个年轻人肯定自我的方式，可他不是通过常识来肯定自我，而是通过个人的理解来肯定的。在这种情况下，我们需要做的就是赢得这名小伙子的信任，并且让他鼓起勇气走上有益的道路。

我们还可以举出许多其他的例子。比如，我们可以研究一下一个年纪为十一岁、在家里不招人喜欢的女孩子的情况。家里其他的孩子都很受父母偏爱，因此她觉得自己就是一个没人想要的孩子。她开始变得暴躁易怒、争强好斗和倔强不听话起来。这个例子解释起来很简单，这位姑娘觉得没有人重视她。一开始的时候，她还试图抗争，可接下来，她便失去了希望。有一天，她开始偷东西。在个体心理学家看来，若是一名儿童有小偷小摸的毛病，那么与其说这是一种犯罪行为，还不如说这是孩子为了充实自己而实施的一种行为。要不是觉得自己有一种剥夺感，一个人是不可能想要充实自己的。因此，她的偷窃行为，就是她在家里缺乏亲情以及她那种绝望感所导致的结果。我们往往都会注意到，儿童都是在觉得自己被人夺走了什么东西之后，才开始小偷小摸的。这样一种感受虽说表达的可能不是实情，但尽管如此，仍是导致他们做出此种行为的心理原因。

还有一个例子，说的是一个八岁的男孩子。他是私生子，长相丑陋，与养父母生活在一起。养父母既并没有好好照料他，也没有对他严加管束。有的时候，养母会给他糖果。这个时候就是他人生当中很值得高兴的一个时候。若是没什么糖果可吃的话，这个可怜的小男孩就会很难过。养母嫁给了一个老男人，还跟他生了一个女儿。这个女儿成了那个老男人唯一的乐趣。他一直都非常溺爱自己的女儿。这对夫妇让这个小男孩留在家里的唯一原因就是不想付钱让他到别的地方去生活。那个老男人回家的时候，会给自己的小女儿带糖，却什么也不给养子。结果，这个小男孩就开始偷糖吃。之所以要偷，是因为他产生了一种剥夺感，因而想要充实自己。由于小偷小摸，养父还揍过他，可他仍然改不了。有人可能会以为，这个男孩不顾挨揍而继续偷糖的做法，说明他很勇敢。可实际情况并非如此，他始终都心存侥幸，希望不被父母发现。

这种情况，就是一个不招人喜欢、永远也没有作为一个同等的人所应有的那些体验的情况。我们必须把这种儿童争取过来。我们必须给予这种儿童以平等身份去生活的机会。一旦学会认同别人、学会设身处地为他人着想，这种儿童就会明白，养父看到他偷东西的时候会有什么样的感受，而他的小妹妹发现自己的糖果不见了之后，又会有什么样的感受。在这里我们便会再次看出，缺乏社会感、缺乏理解力以及缺乏勇气是如何共同作用，从而形成一种自卑情结的。上面这件事就让一个不招人喜欢的儿童心中形成了一种自卑情结。

第十一章　爱情与婚姻

　　要想为爱情与婚姻做好恰当的准备，我们首先必须学会做一个能与人相处的人，并且培养出社会适应性。除了这种一般性的准备，我们还须在性本能这个方面进行一定的训练，从儿童早期开始，一直到成年时期，这种训练的目标，就是在婚姻和家庭当中让性本能获得满足。爱情和婚姻方面的所有能力、缺陷与倾向，都可以从一个人出生之后最初那几年里形成的原型当中看出来。通过观察原型当中体现出来的性格特点，我们就能确切地指出一个人在后来的成年生活当中会出现哪些问题。

　　我们在爱情和婚姻领域里碰到的问题性质上与一般的社会问题是相同的。二者都存在相同的困难和相同的使命，因此，认为爱情与婚姻是一个乐园，认为其中的所有事情都会如人所愿，是一种错误的观点。爱情与婚姻领域里始终都贯穿着种种任务，而要完成这些任务，我们必须始终把对方的利益牢记在心。

　　与普通的社会适应性问题不同的是，爱情与婚姻之境需要格外的同情心与格外的能力去使自己替对方着想。如今有少数人没有做好家庭生活的恰当准备，那是因为他们从来都没有学会用别人的眼睛去看、用别人的耳朵去听、用别人的心去感受。

　　我们在前面各章的论述中，很多篇幅都集中在讨论那种长大后只关注自己、不关注别人的儿童。对于这种人我们不能指望他们会随着生理性本能方面的成熟，而在一夜之间改变自己性格。这种人不会做好进入爱情与婚姻领域的准备，就像他们没有做好进入社交生活的准备一样。

　　社会兴趣是一个缓慢的培养过程。只有那些从很小的时候起，就开始在社会兴趣这个方向上得到了切实的培养，并且始终都在人生当中有益一面进行努力的人，才能真正培养出社会感来。正是由于这个原因，所以辨识出一个人是否真正做好了与异性共同生活的准备，并不是特别困难。

　　我们只需记住自己已经观察到了的、与有益于人生相关的那些东西就可以了。一个处于人生当中有益一面的人，会勇敢无畏，并且很有自信。他会直面人生当中的问题，并且继续前行，去找出这些问题的解决办法。他会结识志同道合的人，并且会与邻居和睦相处。一个不具有这些性格特点的人，则既不值得别人信任，我们也不能认为他做好了进入爱情与婚姻生活的准备。另一方面，我们可以断定，倘若一个人拥有一份职业，并且正在职业领域里取得进步，那么他就很可能已经做好了结婚成家的准备。虽说我们是根据一种很细微的迹象来做出判断的，但这种迹象具有极其重要的意义，因为它说明了一个人是否培养出了社会兴趣。

　　倘若理解了社会兴趣的本质，那么我们就可以看出，只有在完全平等的基础上，我们才能满意地解决爱情与婚姻中的问题。这种根本性的互谅互让，就是其中非常重要的一个方面。夫妻当中一方是不是尊敬另一方是很重要的。爱本身并不会解决问题，因为世间有各种各样的爱。只有双方之间具有一种恰当的平等基础，爱情才会走上正确的道路，婚姻才能获得成功。

　　假如男方或者女方希望自己在婚后变成一个胜利者，那么后果可能就是致命的。心中带着这样一种观点来期待婚姻，并不是一种正确的心理准备，而婚后的情况很可能也会证实这一点。在不容许有胜利者存在的一种处境当中，一个人是不可能成为胜利者的。婚姻关系要求的是一方去关注另一方，以及一种为对方设身处地地着想的能力。

现在，我们再来说一说婚姻必需的那种特殊准备。我们已经看到，这种特殊准备涉及的是培养出那种与异性相吸、本能相关的社会感。事实上，我们都很清楚，每个人从儿童时代起就会在心中为自己创造出一种理想的异性形象来。对于男孩子而言，很可能会是母亲扮演的这种理想形象，因此男孩子往往都会寻找一种与母亲相类似的女性来结婚。有的时候，母子之间可能会产生一种令人不愉快的紧张关系，而在这种情况下，儿子很可能就会寻找一个性格类型与母亲完全相反的姑娘来结婚。由于母子关系与儿子跟他日后所娶女性类型之间的关系密切对应，因此我们完全可以从婆媳二人的眼睛、体形、头发颜色等细微之处看出这一点来。

我们也很清楚，倘若母亲非常强势，处处都压制儿子的话，那么到了恋爱与适婚年龄之后，儿子可能就不会想勇敢地去追求自己的爱情与婚姻了。因为在这种情况下，儿子心目中理想的性伴侣很可能是一个性格软弱、温顺听话的姑娘。或者，倘若儿子属于争强好斗这一类，那么婚后他就会与妻子争斗，想要控制妻子。

我们可以看出，儿童时代显露出来的所有迹象，在一个人面对爱情问题时，都会得到突显与强化。我们想象得出，一个怀有自卑情结而深受其苦的人，在性的问题上会有什么样的表现。因为软弱和自卑，因此他会表达出这种感受来，总是希望别人去支持他。这种人心目中的理想对象，常常都会具有慈母一般的性格。有的时候，为了对自卑感进行补偿，他在爱情方面有可能走到相反的方向，变得傲慢自大、粗暴无礼和咄咄逼人。那样一来，倘若不是很勇敢，他也会觉得自己的选择余地并不多。他可能会挑选一个争强好斗的姑娘，因为他发现，在一场激烈的争斗当中获得胜利更有荣耀感。

用这种方式的话，男女两性都不可能获得成功。利用两性关系来满足一种自卑情结或者自大情结，这种做法似乎非常愚蠢、非常荒唐，可这种情况经常出现。细究起来，我们就会看出，许多人寻找的配偶实际上都是一种牺牲品。这种人都不明白，我们是不能利用两性关系来达到这样一种目标的。这是因为，倘若一个人想要成为胜利者，那么对方也会想要当胜利者。结果，两个人就不可能共同生活下去。

如果明白了可以利用性关系来满足一个人的情绪这一点，那么一些在选择异性上的奇怪现象就可以被解释清楚了。如若不然，我们就很难理解这一观点。这一观点告诉我们，为什么有些人会选择那种体弱多病或者年老的人做伴侣：之所以选择这样的人，是因为他们觉得婚后自己的处境会轻松一些。有的时候，他们会选择一个结过婚的人：这种情况就说明他们永远都不想对问题做出解决。有的时候，我们看到一些人会**同时爱上两个男人或者两位女性**，至于原因，正如我们已经解释过的那样，就是"两位姑娘不如一位姑娘"。

我们已经看到，一个深受自卑情结折磨的人会不断地更换工作，拒绝面对问题，并且从来都不会做出什么成绩。在面对爱情问题的时候，这种人的做法也是类似的。爱上一个已婚之人，或者同时爱上两个人，就是满足这种人惯常性格倾向的一种办法。当然，还有其他的满足办法，比如订婚期超长，或者甚至永远都处于求婚期，却永远都没有进入婚姻殿堂。

娇惯坏了的孩子长大后，在婚姻当中也会呈现出典型性来。他们希望在婚后也受到伴侣的宠爱。这样一种状况，在求爱阶段的早期，或者在婚后最初的五年之内，可以存在且不会带来危险，后来却会形成一种复杂的局面。我们想象得出，两个曾经受到娇惯的这种人结婚之后，会出现什么样的结果。两人都想要对方来宠爱自己，可两人都不想去扮演溺爱对方的那个角色。这就好比是两人彼此相对而立，都在期待着对方不会给予的某种东西似的。两人都会觉得对方并不理解自己。

我们能够料想，倘若一个人觉得自己受到了误解，觉得自己的积极性受到了打击，会发生什么样的事情。他会觉得自卑，从而想要逃避。这种感受在婚姻当中尤其糟糕，特别是在一个人产生出一种极度绝望的感觉之后。倘若果真如此，一种报复心态便会悄然而生。一个人会希望去干扰对方的生活，最常见的一种做法就是不忠。出轨往往都是一种报复行为。诚然，那些对婚姻不忠的人往往都会给自己找出正当的理由，满口爱情和感情，可我们其实都明白感受与感情的重要性。感受始终都会与一个人的优势目标保持一致，因而不应当看成是理由。

我们不妨以一位曾经受到溺爱的女性为例来说明这一点。她嫁给了一名男子，可那名男子始终都认为自己受到了一位兄弟的压制。这样，我们就能看出，那名男子为什么会被这个性格温顺、甜美可爱的独女所吸引，而反过来，这位女性又为什么总是期待着获得丈夫的重视和宠爱了。他们之间的婚姻生活非常美满，直到两人生了一个孩子。于是，我们就能预料到接下来的情况了。妻子希望自己是家人关注的中心，但很担心孩子可能会占领这一位置。因此，生下了这个孩子，她并没有感到很高兴。另一方面，她的丈夫也想要获得妻子的偏爱，也担心孩子会夺走他的这一位置。结果，夫妻二人都开始变得疑虑重重起来。或许，他们都没有忽视孩子，并且是一对相当不错的父母。不过，夫妻始终都认为他们彼此之间的爱会日渐消减。这种疑虑心态非常危险，原因在于倘若一方开始衡量每一句话、每一个行为、每一种动作、每一种表情，那么他就很容易发现两人之间的感情正在日渐消退。这对夫妻都看到了这一点。碰巧，这时丈夫又前往巴黎去度假，尽情玩乐，而妻子则处于产后恢复期，一直都在照看婴儿。丈夫从巴黎写了一些心情愉快的信件寄回来，告诉妻子说他玩得非常开心，还碰到了各种各样的人，等等。妻子便开始觉得，自己已经被丈夫遗忘掉了。这样一来，她便没有以前那样快乐了，而是变得非常压抑，并且很快便患上了广场恐惧症，她无法再独自一人外出了。丈夫回来之后，必须每时每刻都陪伴着她。起码从表面上来看，她似乎是达到了自己的目的，如今变成丈夫关注的重心了。可尽管如此，这并不是一种真正的满足，因为她觉得假如自己的广场恐惧症消失，那么丈夫也会随之消失。于是，她便继续患着广场恐惧症。

在生病期间，她找到了一位非常关注她的医生。在他的治疗之下，她感觉好多了。她将所有的友好情感全都倾注到了这位医生身上。但是，医生看到这名病人的情况有所好转之后，便离开了她。她写了一封言辞恳切的信件，感谢医生为她所做的一切，可医生没有回复。从这个时候起，她的病情便恶化了。

此时，她开始产生与别的男人发生暧昧关系的念头和幻想，来向丈夫进行报复。然而，她被广场恐惧症保护着，因为她无法独自外出，只能始终由丈夫陪着。这样一来，她就无法在不忠方面获得成功。我们看到，婚姻当中会出现太多的错误做法，因此人们会提出这样一个问题："这一切都有必要吗？"我们明白，这些错误都始于童年时代。我们也明白，通过辨识和发现原型中的性格特点，是可以纠正那些错误的生活方式的。因此，有人想要知道是否可以利用"个体心理学"的方法，开设一些能够解决婚姻生活当中那些错误做法的咨询机构。这种咨询机构将由一些训练有素的人所组成。这些人都明白个人生活中发生的所有事件都是连贯一致、相互结合的，他们也具有设身处地与那些寻求建议的人产生同感的本领。

这种咨询机构不会说："你们不可能达成一致意见，你们不停地争吵，你们应当离婚。"这是因为，离婚又有什么用呢？离婚之后，又会出现什么样的情况呢？一般来说，离婚者都会希望再婚，并且会像以前一样，继续同一种生活方式。我们有时会看到，一些人一次又一次地离婚，却仍然会再婚。他们这样做，完全就是在重复自己所犯的错误。这种人可能会来到这种咨询机构，询问他们的求婚或者恋爱关系有没有可能成功。或者，他们也有可能在离婚之前来进行咨询。

有许多的小错误都是在儿童时期开始的，并且在婚前都显得并不重要。比如，有些人总是认为自己将来会失望。有些儿童从来都没有快乐过，总是担心自己将来会失望。这种儿童或是觉得自己在感情方面的地位已经不保，另一个人将会受到偏爱，不然的话，就是童年时期经历的某种困难处境让他们盲目地担心，这种不幸状况可能会再次出现。我们不难看出，这种害怕失望的心态会导致他们在婚姻生活当中产生出妒忌与疑虑之心。

在女性当中存在着一种非常特别的障碍者，她们都认为自己只是男人的玩物，而且男人往往都会对婚姻不忠。我们很容易看出，倘若带着这样一种观念，那么婚姻生活就不会幸福。只要有一方认为另一方有可能对婚姻不忠，那么两人就不可能过得幸福。

根据人们在寻求爱情与婚姻方面的建议时经常所用的方式，我们就可以断定，人们普遍都认为爱情与婚姻是人生当中最重要的一个问题。然而，从"个体心理学"的角度来看，爱情与婚姻并非是最重要的人生问题，尽管这个问题的重要性也不容低估。对于"个体心理学"而言，人生当中没有哪个问题会比其他问题更加重要。倘若人们只是强调爱情与婚姻问题，并且赋予这个问题至高无上的重要性，那么他们就会丧失人生的和谐性。

或许，人们在心中如此过分重视这个问题的原因就在于，与其他人生问题不同，我们在这个问题上并没有得到过什么系统的教导。回想一下我们在三大人生问题中已经论述过的那些内容吧。注意，对于第一个问题，即涉及我们对待他人行为的社会问题，从出生后的第一天起，大人就会教导我们在与别人为伴的时候该怎样去做。我们很早就学会了这些东西。同样，我们在职业方面也会经历一种具有系统性的训练过程。有许多的专家名师教导我们去掌握这些技巧，还有书本可以告诉我们怎样去做。但是，可以告诉我们如何去为爱情和婚姻做准备的书籍又在哪里呢？诚然，世间有许多书籍论述到了爱情与婚姻。大部分的文学作品都描述过爱情故事。可论述幸福婚姻之道的书籍，我们却找不到几本。由于我们的文化与文学联系紧密，因此每个人的注意力全都集中在那些始终处于逆境当中的人物形象上。人们在婚姻问题上小心翼翼、过度谨慎，就不足为怪了。

这就是人类从开始一直持续到现在的惯常做法。看一看《圣经》，我们就会发现一种说法，说所有的祸端都始于女性，自此以后人类在爱情生活当中便始终经历着巨大的危险。我们所受的教育，从其遵循的目标来看，当然是太过严苛了。我们不该给孩子们灌输那些似乎是为罪孽做准备的教育，更明智的做法是培养姑娘们更好地在婚姻中扮演女性这一角色，培养男孩子们在婚姻当中更好地履行男性的角色。不过，培养的方式应当让双方觉得平等才行。

如今女性觉得不如男性的这个事实证明在这个方面，我们的文化已经失败了。倘若哪位读者并不信服这一观点，那么不妨让他看一看女性的追求。他会发现，女性通常都想要胜过别人，并且经常会在这方面进行超过了必要程度的培养和训练。她们与男性相比，也更加以自我为中心。在将来我们必须教育女性培养更多的社会兴趣，而不该始终都不顾及别人，只追求自身的利益。不过，要想做到这一点，我们首先必须消除关于男性拥有种种特权的迷信思想。

我们不妨举一个例子来说明有一些人在婚姻方面做的准备是多么不充分。一位年轻人正与一位女士在舞池里跳舞，这位女士年轻、漂亮，已经跟他订了婚。小伙子不小心把眼镜弄掉了，让大家诧异不已的是，为了捡起眼镜，他竟然差点儿把那位年轻女士撞倒在地。一位朋友问他说："您在干什么呀？"他如此回答道："我可不能让她踩碎了我的眼镜。"我们可以看出，这个小伙子并没有做好结婚成家的心理准备。事实上，那位姑娘后来也确实没有嫁给他。

后来，医生说他患上了忧郁症。那些太过关注自己的人，大部分都会患上这种病症。

在辨别一个人是否做好结婚成家的心理准备的时候，我们有无数迹象可寻。比如，我们不该去相信一个在恋爱中约会迟到而给不出正当理由的人。这种行为表明了一种犹豫不决的态度。它就是一种迹象，说明这个人没有做好应对人生问题的心理准备。

假如夫妻中的一方总是想要去教育对方，或者总是想要指责对方，那么这也是一种迹象，说明此人没有做好面对婚姻生活的心理准备。此外，太过敏感也是一种不好的迹象，因为它表明一个人怀有自卑情结。没有朋友、在社交场合中与人相处不融洽的人，也没有做好结婚成家的心理准备。拖延不决，选不定一种职业，也是一种糟糕的迹象。态度悲观的人适应性都很差，这无疑是因为悲观思想暴露出了这种人没有勇气来面对种种处境。

尽管有这么多不理想的人，但其实选个合适的对象，或者更准确一点说，选择一个遵循正确原则的人，也并不是那么困难。我们不能指望自己能够找到完全中意的人。实际上倘若看到一个人正在寻找理想中的结婚对象，却一直都没有找到，那么我们就可以肯定地说，这种人一定是深陷于一种犹豫不定的态度当中。这种人其实根本就不想结婚成家。

德国有一种古老的办法，能够看出两个人是否已经做好了结婚成家的心理准备。在该国的农村地区有一种风俗，那就是给男女双方一把双柄锯子，每人各执一柄，然后让两人一起去锯一棵树的树干，而所有的亲友则站在周围看着。注意，锯断一棵树是一项需要两个人共同完成的任务。每一方都必须关注对方的动作，并且让自己来回拉锯的动作与对方的动作保持和谐一致。因此，人们认为这种方法是一种很好的考验，能够看出这两个人是否适合于结婚。

最后，我们还要重申一下我们的观点，那就是只有那些具有社会适应性的人，才能解决好爱情与婚姻的问题。人们在绝大多数情况下所犯的错误都是由缺乏社会兴趣所导致的，而且，这些错误也只有在人们改变自身的前提之下，才能加以避免。婚姻是一项需要两个人共同去完成的使命。如今的事实是，我们接受的教育针对的要么是那种可以由一个人独自完成的任务，要么就是那种需要二十个人才能完成的任务，却从来都没有针对需要两个人共同去完成的任务。不过，尽管缺乏这方面的教育，倘若两个人都认识到了自身性格当中的错误，并且以一种平等的态度来对待事物，那么我们就能够正确地应对好婚姻这一使命。

婚姻最高尚的形式就是一夫一妻制，这一点我们无须多说了。有许多的人，他们根据种种伪科学，宣称多配偶制更适合于人类的本性。这种论断我们是无法接受的。而我们无法接受的理由就是，在我们的文化当中，爱情和婚姻都属于社会使命。我们之所以结婚，不仅是为了自身的幸福，而且间接地也是为了整个社会的福祉。说到底，婚姻的目的就是为了繁衍后代。

第十二章　性欲和性问题

在上一章里，我们讨论了爱情与婚姻方面的一般性问题。现在，我们开始讨论这个一般性问题当中一个更加具体的方面，即性欲的问题，以及它们与现实或者想象出来的种种异常状况之间的联系。我们已经看到，在爱情生活方面的问题上，绝大多数人所做的准备都不如他们为其他人生问题所做的准备那样充分，而他们在这些问题上进行的训练，也没有像在其他方面进行的训练那么充足。这个结论也适用于性的问题，甚至更加适用。在性欲问题方面，有诸多的迷信观念必须加以清除，这一点非常重要。

最普遍的一种迷信观念，就是关于性格特点具有遗传性的观点，即认为人们不同的性欲程度是遗传得来的，并且无法加以改变的观点。我们都很清楚，人们很容易用遗传问题来做理由或者借口，而这些借口又会阻碍到一个人的进步。因此，我们必须澄清一些代表科学而提出来的观点。一般的外行人士都会太过严肃地去对待这些观点，因为他们都没有意识到，提出这些观点的人只是给出了结果，却既没有论述这些观点可能导致的那种妨碍作用的程度，也没有论述过导致这些结果的、性本能方面的那种人为刺激因素。

性欲在很小的时候就已经存在了。倘若仔细观察，每一位保姆、每一对父母都能发现，一个孩子在刚出生后的那几天里，就会出现某些性刺激和性活动的迹象。然而，这种性欲对于环境的依赖程度，却要比我们可能料想的严重得多。因此，倘若一名儿童开始用这种方式来表达自我，那么父母应当找出办法来分散孩子的注意力。但是，父母所用的办法往往都不会恰当地让孩子分散注意力。而且，有的时候，他们根本就找不到正确的办法。

倘若没有在早期阶段发现性器官的正确官能，一名儿童自然就有可能形成一种进行性活动的更强意愿。我们已经看到，身体的其他器官会出现这些情况，而性器官也不例外。不过，倘若早点着手的话，我们是可以正确地对孩子进行培养的。

一般而言，我们可以说，儿童时期出现某种性表达是一种相当正常的现象。因此，倘若看到儿童出现了性活动，我们不该感到惊恐才是。毕竟每一种性别的目标，最终都是与另一种性别结合。因此，我们应当采取小心等待的策略。我们必须站在孩子身边，确保孩子的性欲表达不会朝着错误的方向发展。

人们往往会把这种现象归咎于遗传性的缺陷，可这种现象其实却是儿童时期自我训练的结果。有的时候，这种训练行为也会被人们看成是一种遗传性的特点。比如，倘若一名儿童碰巧更关注自己这个性别的人，而对异性则没有太大的兴趣，那么人们就会认为这是一种遗传性的障碍。可我们都知道，这种缺陷是孩子日复一日形成的。有时，一名儿童或者一个成年人会表现出性反常的迹象，而在这一点上，许多人又认为性反常是遗传得来的。不过，倘若果真如此的话，这种人又为什么会去训练自己呢？这种人又为什么要幻想或者预先练习自己的那些行为呢？

有些人到了一定的年纪就会停止这种训练。这一点根据"个体心理学"的原则也是可以解释的。例如，有些人很害怕自己会遭遇失败。他们怀有一种自卑情结。或者，他们可能会训练过度，从而导致他们形成了一种自大情结。在这种情况下，我们就会看到一种很夸张的行为，看上去就像是过分强调性欲似的。这种人可能会具有较强的性能力。

这种类型的追求有可能受到所处环境的刺激。我们都很清楚，图画、书籍、电影或者某些社交活动往往都会过分强调这种性动力。在我们所处的这个时代，一切都有可能导致人们在性方面培养出一种很夸张的兴趣来。我们无须为了断言目前人们过分重视性的问题而小看这些生理冲动的重要意义，也无须轻视它们在爱情、婚姻及人类繁殖过程中的重要作用。

关注孩子的家长最应当提防的就是孩子那些夸张的性倾向。比如，经常会出现这样的情况：一位母亲会过分关注孩子在儿童时期最初出现的性活动，从而可能让孩子过分重视这些性活动的意义。这种母亲可能感到很害怕，并且往往把精力全都放在这种孩子身上，总是跟孩子说起这些问题，并且惩罚孩子。如今我们都知道，许多孩子都想要成为家人关注的重心，因此经常出现的情况就是，一名儿童恰恰会因为那样做受到了责骂，因而会继续保持自己的习惯。在孩子面前最好是不要过分强调这个问题，而是把这种问题当成一个普普通通的问题去处理。谁要是不在孩子面前表现出他很在乎这些问题，那么他可能就会轻松很多。

有的时候，一些传统做法往往也会让孩子朝着某个方向发展。这些传统做法，可能是母亲的温柔亲切，以及用亲吻、拥抱等方式来表达出自己对孩子的挚爱之情。尽管许多母亲都坚持说，她们这样做是情不自禁，可这种事情还是不应做得太过。其实，这些做法并不是表达母爱的典范做法。这样做，其实更像是把孩子当成敌人来对待，而不是当成母亲的孩子来对待。一个受到溺爱的孩子，在性的方面是不会成长得很好的。

在这个方面，许多医生和心理学家都认为，性发育是一个人整个心智与精神成长的基础，同时也是所有生理活动发育的基础。在本书作者看来，这种观点是不对的，因为性欲的整体形成与发育都取决于一个人的人格，即一个人的生活方式与原型。

因此，倘若知道一名儿童用某种方式表达出了自己的性欲，而另一名儿童则压制住了自己的性欲，那么我们就可以推断出，这两名儿童在日后的成年生活中会是什么样子。倘若知道一名儿童始终都想成为关注的焦点、始终都想胜过别人，那么这名儿童在性发育方面，也会带有胜过别人、成为关注焦点的目的。

许多人都认为，他们通过多配偶的方式表现出自己的性本能会让他们显得高人一等、优于别人。因此，他们会与许多的人发生性关系。我们也很容易看出，他们都是出于心理方面的原因，才有意地过分强调自己的性欲望和性态度。他们都以为自己会因此而成为征服者。这当然是一种错觉，但也起到了补偿一种自卑情结的作用。

性异常的核心就是这种自卑情结。一个深受某种自卑情结之苦的人，往往都会去寻求一种最轻松的解脱之道。有的时候，他会通过将生活中的绝大多数组成部分排除出去、夸大自己性生活的方式，找到这种最轻松的解脱办法。

在儿童身上我们经常会看到这种倾向。一般来说，我们都会在那种想要别人只围着自己转的儿童身上看到这种倾向。他们会通过调皮捣乱，并且彻底体现出他们在人生当中无益一面的那种追求，从而让父母和老师把精力全都放在他们身上。到了日后的人生当中，他们又会利用这些性格倾向去占据别人的精力，并且希望通过这种方式来让自己变得高人一等。这种儿童长大后，都会把他们的性欲望与渴望胜过别人、比别人优越的心态混淆起来。有的时候，在不愿面对人生当中部分机遇与问题的过程中，他们也有可能不愿面对所有的异性，从而为自己做好了同性恋的训练。值得注意的是，我们在性反常者的身上，常常都会看到一种过分强调性欲的现象。他们实际上是夸大了自身那种性反常的倾向，以此来确保自己不需去面对他们希望逃避的正常性生活的问题。

　　只有理解了他们的生活方式，我们才能理解这一切。在这里，我们会看到那种一方面希望别人非常关注他们，一方面却又认为自己无法对异性产生足够吸引力的人。他们都存在一种对异性的自卑情结，而这种情结又可以追溯到他们的童年时代。例如，要是发现家中姐妹和母亲的举止都要比他们的举止更具魅力的话，他们就会产生一种感觉，认为自己永远都没有吸引女性的本领。他们可能会极为钦羡异性，从而开始模仿异性家人的行为。因此，我们才会看到举手投足都像是姑娘的男子，同样也会看到举手投足显得像是男人的姑娘。

　　有一个被指控犯有性虐待和虐待儿童罪的男子，他的情况就充分地说明了我们已经论述过的那些性格倾向的形成过程。在调查这名罪犯成长经历的过程中，我们得知，他的母亲手段强硬、专横跋扈，总是指责他。尽管如此，他在学校里还是成长得很好，是一个优秀而聪明的学生。不过，母亲对他的成绩却从来都没有满意过。由于这个原因，他便希望将母亲从家庭亲情当中排除出去。他完全不关注母亲，而是一心将注意力放在父亲身上，对自己的父亲极为依恋。

　　我们可以看出，这种男孩子为何有可能形成这样一种观念：女性都很严厉，喜欢吹毛求疵，因此除非万不得已，否则跟女人打交道就不会令人愉快。这样一来，他就开始不愿面对所有的异性了。这种人也是我们很熟悉的一种类型。一旦感到害怕，这种人就会受到性方面的刺激。由于深受焦虑之苦，并且因此而受到刺激，所以这种人始终都在寻找不会让他感到害怕的环境。在后来的人生当中，这种人可能会喜欢上惩罚或者折磨自己，或者喜欢看着儿童受到折磨，甚至是幻想自己或者别人受到折磨。正是因为他属于前面描述的这一类人，所以在这种真实或者想象出来的折磨过程中，他就会获得性兴奋感和满足感。

　　这名男子的情况，说明了错误训练会导致什么样的后果。这名男子始终都没有明白自身习惯之间的关联性。而就算理解了，他也只是到了为时已晚的时候才明白这一点。当然，若是一个人到了二十五岁或者三十岁的年纪，我们就很难开始对其进行恰当的培养了。合适的培养时机是在一个人的儿童早期。

但在儿童时期，这些问题会因为孩子与父母之间的种种心理关系而复杂化。不恰当的性培养会导致孩子与父母之间产生心理冲突，这一点是非常奇妙的。一个争强好斗的孩子，尤其是一个处在青春期的孩子，可能会带着故意伤害父母的目的而滥用性欲。众所周知，许多男孩子和女孩子刚刚与父母吵了一架之后，就会去跟别人发生性关系。孩子们会把这种方式当成是报复父母的手段。若是他们看出父母对这个方面非常敏感，则更会如此。一个争强好斗的孩子，总是会抓住这一点来攻击父母。

唯一可以避免这些花招的办法就是让每个孩子都对自己负责。这样一来，孩子就不至于认为，他们这样做的时候只有父母的利益会受损，而他们自己的利益也会受损。

除了儿童时期体现在生活方式当中的环境影响，一个国家的政治与经济条件也会对性问题产生影响。这些条件会导致一种极具感染性的社会风气。在日俄战争[1]和俄国第一次革命失败之后，就在俄国人民全都失去了希望与勇气的那个时候，该国就出现了一场大规模的性运动，史称"性解放主义运动"。所有成年人与青少年都卷入了这场运动当中。我们会发现，在革命时期，也会出现一种类似的、夸大性问题的现象。而在战争时期，由于人们觉得生活似乎毫无意义，因而大规模地通过性放荡来寻求安慰，自然也是一种屡见不鲜的现象了。

---

[1] 日俄战争，指20世纪初，日本与俄国为了争夺中国东北和朝鲜的控制权而以中国东北为主要战场进行的一场帝国主义战争。此次战争，最终以俄国失败而告终。下文所说的俄国第一次革命，通常称为"1905年革命"，指1905至1907年间俄国发生的一连串范围广泛、以反政府为目的或者没有目标的社会动乱事件。

奇怪的是，我们注意到，警方很清楚人们会把性欲当成一种心理放松的手段而加以利用。至少在欧洲就是如此。不管什么时候，只要发生了罪案，警方通常都会到妓院里面去搜寻。在妓院里，他们通常都能找到警方正在搜捕的凶手或者其他罪犯。罪犯之所以会去妓院，是因为犯下一桩罪行之后，罪犯会觉得非常紧张，因而会去寻求放松。他想要以此来确信自己拥有强大的力量，并且证明他仍然是一个强大有力的人，而不是一个堕落无助的人。

有位法国人曾经说过，人类是唯一一种在不饿的时候也要吃东西、在不渴的时候也要喝水，并且时时刻刻都会发生性关系的动物。实际上，过分沉迷于性本能，在很大程度上与过分沉迷于其他嗜好是一样的。注意，一旦过分沉迷于某种嗜好，一旦过度培养出了某种兴趣，人生的和谐就会受到干扰。心理学方面的资料当中，充斥着这样的病例，那就是人们培养的兴趣或者嗜好达到了极端的程度，使得它们迫使这些人形成了一种强迫症。那种过分强调金钱重要性的守财奴的情况，普通百姓都是很熟悉的。不过也有一些病例，其中的患者都认为整洁干净最重要。这种人会把洗刷摆在其他所有活动的前面，有时还会整天洗刷，一直洗到半夜。还有些人则坚持认为吃东西才最为重要。他们整天都在吃东西，只对食物感兴趣，而谈论的也都只是吃的东西。

纵欲过度的种种情形完全与此相类似。它们会导致人类行为的整体和谐失去平衡。它们必然会将一个人的整个生活方式拖到人生中无益的一面去。

在恰当培养性本能的过程中，我们应当将性冲动运用到一种能够表达出我们所有行为的有益目标上去。假如正确地选定了目标，那么我们就不会过分强调性欲，也不会去过分强调其他任何一种人生表达了。

另一方面，尽管所有的嗜好与兴趣都必须加以控制和协调，但完全压抑自己的嗜好或者兴趣也是很危险的。比如在吃东西的问题上，倘若一个人节食过了头，那么他的心智与身体就会受到伤害，因此，在性的问题上，彻底的禁欲也是不可取的。

这句话的意思就是说，在一种正常的生活方式当中，性也会找到自身恰当的表达形式。但这并不是说，仅凭自由的性欲表达，我们就可以克服标志着生活方式失衡的种种精神性疾病。有一种广泛传播的观点，认为性欲受到抑制就是让人患上精神病的原因，其实是不正确的。更准确地说，情况正好与此相反：精神病患者都没有找到各自正确的性欲表达方式。

我们经常会碰到这样一些人，有人建议他们更加自由开放地表达出性本能，而他们也遵循了此种建议，最终他们的情况却变得越来越糟糕了。情况之所以如此，原因就在于这种人没能把自己的性生活与一种有益于社会的目标结合起来加以利用。其实，仅凭这种目标，就可以改变他们患有的那种神经性疾病。性本能的表达方式本身并不能治愈神经性疾病，因为神经性疾病属于生活方式当中的一种疾病，因而只有通过改良生活方式才能治愈。

对于个体心理学家而言，这一切全都清晰明了，因此他会毫不犹豫地回到幸福的婚姻这个方面，认为它是唯一能够令人满意地解决性问题的办法。精神病患者是不会带着支持的态度来看待这种解决办法的，因为精神病患者通常都是胆小怯懦之人，都没有做好社会化生活的充分准备。同样，所有过分强调性欲，经常谈及多配偶制度、同居或者试婚等方面的人，其实都是在尽力逃避从社会性这一角度来解决性问题。他们没有耐心，无法以夫妻双方共同兴趣为基础去解决社会适应性的问题，只是幻想着通过某种新的准则去逃避。然而，最艰难的道路有时却是最直接的。

第十三章　结语

现在，该对我们的研究结果进行总结了。"个体心理学"所用的方法，都始于并且也终于自卑这个问题，我们都承认这一点，并且毫不犹豫。

我们已经看到，自卑是人类做出努力与获得成功的基础。另一方面，自卑感也是我们所有心理不适应问题的根源。倘若一个人没有找到一种恰当而具体的优势目标，自卑情结就会随之而来。自卑情结会导致一个人产生一种渴望逃避的心态，而这种渴望逃避的心态又会以一种自大情结表达出来。这种自大情结，不过就是一个位于人生当中无益且徒劳一面的目标，能够给人带来一种虚假成功的满足感罢了。

这就是人类精神生活的动态机制。更具体一点来说就是，我们都知道，精神发挥功能过程中出现的错误在某些时候要比其他时候更加有害。我们都知道，生活方式具体表现在儿童时期形成的性格倾向当中，即体现在四五岁时形成的原型当中。正因为如此，指引我们精神生活的所有重任就落在了童年时期给孩子的恰当引导上。

至于在童年时期进行引导的问题，我们已经指出，首要目标应当是培养孩子形成恰当的社会兴趣。根据这种恰当的社会兴趣，各种有益与健康的目标才能得到具体化。只有培养儿童适应社会体系，我们才能正确利用那种普遍存在的自卑感，才能不让这种普遍存在的自卑感引发出一种自卑情结或者自大情结来。

　　社会适应性是自卑问题的主要一面。正是由于个人自卑、软弱，我们才会看到人类生存于社会当中。因此，社会兴趣与社会协作才是个人的救赎之道。